指挥学博士跨域领衔力作

战 盾

21 世纪筑城论

Battle Shield
Fortification in the 21st Century

范瑞洲 杨森 何真卓 等 著

上海社会科学院出版社
SHANGHAI ACADEMY OF SOCIAL SCIENCES PRESS

序言　筑城为何江河日下

如果说武器装备是战争之矛,那么筑城就是战争之盾。

一部战争史,既是一部武器装备革故鼎新史,也是一部筑城发展演变史。战争从来不是武器装备的独角戏,而是武器装备与筑城共舞的双簧。

从某种意义上讲,正是在武器装备与筑城两股洪流的合力交汇下,才激荡出如此波澜壮阔、气势恢宏的历史画卷,正是在武器装备与筑城的攻防互搏、交错碰撞中,才演绎出如此扣人心弦、跌宕起伏的战争史诗。

在战争的舞台上,武器装备这一战争之矛从未因筑城这一战争之盾的阻挡而停滞不前,筑城这一战争之盾丝毫不因武器装备这一战争之矛的光彩而神色黯然。

……

历史的旋律一直也应该一直如此,战争的逻辑似乎如斯也理应如斯不变。这是我的基本认知,相信也是普通大众的认知。

但理应如此的好像没有如此,理应不变的战争逻辑似乎发生了改变……

不知道从什么时候开始，也不知道从哪里首次蔓延，无论是在军事理论界，还是在部队实践中，一段时间内"筑城专业发展已经到了瓶颈期""筑城技术已远远难以适应现代战争的需要""筑城没用了"的认识似乎已经成为一种主流，成为制约筑城专业发展头顶的魔咒。

爱之，不只是为之泣、为之悲、为之唏嘘，而是为之计深远。博士毕业后，由于工作需要，我被安排到筑城专业方向工作。无论是出于对工作的热爱，还是为了推动专业发展，让我不得不思考："筑城到底怎么了？战争难道真的不需要筑城了吗？如果需要，昔日在战争舞台上与武器装备平分秋色、屡创辉煌的筑城为何正在江河日下？这个专业究竟应该如何发展？"一段时间以来，这些也许曾经从来没有人在意的问题却成为我心中最大的问题时刻困扰着我，给我带来强烈的窒息感。认知的理性好像时刻在告诫我：如果这些基本问题搞不清楚、想不明白，如果自己都不知道自己所从事工作的价值和正确性，如果连自己的认知和事业观问题都没有根本解决，就更遑论专业建设与个人发展了。

公众的认知不一定是公理！当我们无法找到解决问题的答案时，就需要思考这一问题本身有没有问题，就需要探寻问题背后的问题、逻辑深层的逻辑。其实很多时候有些问题本身就不是问题，甚至可能根本就不存在，而是人们的主观认知出现了问题。其实不是战争抛弃了筑城，筑城也从未远离战争，而是我们误解了战争，误解了筑城。

我们的思维囚禁了筑城。

《军语》①对筑城的定义是"在防御阵地上构筑的工程设施体系"。也许是因为人们对筑城的误解时间太久与太过深刻,以至编写"筑城"这一词条时公众的认知已经被影响;也许是因为《军语》的权威性和影响力太过强大,反过来促使人们对筑城的定义笃信不疑。不知从什么时候起,也不知道究竟为什么,人们在骨子里都会自觉不自觉认为"筑城就是防御工事,就是用于防御作战"。好像筑城与进攻作战没有任何关系,好像筑城就是防御作战的专属,就是防御的代名词。在人们的思维方式里,从来没有想到更不会主动思考筑城怎么能够用于进攻作战,怎么能够服务于进攻性作战行动。但筑城的本义真是如此吗?谁说筑城天生只能用于防御? 是筑城内涵本身的局限,还是我们认知的贫瘠?如果当我们知晓就连曾经败于我军之手的蒋中正先生早在民国二十年(1931)都已在其所著的《筑城教范》里曾专题论述过"攻击筑城""冲锋作业""地中之战斗",我们会不会为我们认识的狭隘乃至无知而感到汗颜?会不会对一些经不起推敲的观念不假思索地盲目轻信与随波逐流而深感羞愧?是的,虽然筑城的内涵不像天空一样无边无际,但我们的确以坐井观天者的姿态窥视了筑城。

和平的环境淡忘了筑城。

在战争与和平交替而行的人类历史进程中,对于国家、民

---

① 全军军事术语管理委员会:《军语》,北京:军事科学出版社,2011年。

族、人民来讲，没有什么比和平更为珍贵。但对于一支军队来讲，战火是锤炼军刀利刃最好的熔炉，长久的和平环境不仅会消磨一支军队的战斗意志、软化一支军队的战斗精神，还会让一支军队懈怠与迷茫，让其忘记什么才是战斗力的真正构成要素，什么才是战场上必不可少的胜战之宝。承接革命先烈热血的荣光，我军已经几十年没有打仗了，对于大多数没有参战经历的我们来讲，从未真正闻过、当然也无从记起战争的味道。远离真实的战场，和平年代的军事理论教科书似乎已经把我们的认知定格在"人是决定战斗胜负的根本因素，武器装备是决定战斗胜负的重要因素"这一无可厚非的战争观。但遗憾的是，从未上过战场的我们，由于认知的肤浅，只是将其简单机械地理解为战争制胜的因素除了人就是武器装备。可能正是因为如此，为了永保和平，为了战场打赢，我们一直致力于推动武器装备革新，一直在努力提高武器装备的机动速度和打击能力。在我们的认知里，似乎除了人，武器装备就是战斗力的代名词。但殊不知，战争中除了需要武器装备这一战争之矛来消灭敌人，同时也需要筑城这一战争之盾来保存自己。我们好像已经忘记：抗日战争、解放战争、朝鲜战争，我军之所以能够一次又一次地以少胜多、以弱胜强，除了令人叹为观止的战略战术，不是因为我们的武器装备多于对手、优于对手，而是因为我们更加善于利用地形地物弥补武器装备的不足；我们之所以能够在敌人铺天盖地的炮火覆盖下得以生存、得以反击，善于利用筑城工事保存有生力量是不可忽视的重要因素。

美军主导的现代战争未给筑城演绎的舞台。

冷战结束后,美国在世界上一超独霸。它的霸权地位不仅体现在肆意干涉他国领土和主权完整的强权政治,更体现在拥有绝对力量优势的超级美军,并且某种程度上正是由于美军的存在,才助长其更加肆无忌惮地推行强权。所以,无论是出于防卫性的紧盯对手,还是单纯的学习效仿,30多年来世界各国一直将美军作为建军备战的参考系,一直将美军视为引领世界军事变革的先行者。尤其是美军在世纪之交发起的海湾战争、科索沃战争、阿富汗战争、伊拉克战争,更是理所当然地成为世界各国军队研究的靶标。纵观战局走向,南联盟、阿富汗、伊拉克等各个作战对手,在美军的狂轰滥炸和精确打击之下毫无招架之力。一小时决定战斗胜负、一天决定战役成败、一个月决定国家命运,美军"三下五去二"地快速肢解了对手的作战能力,对手还手过招的机会都没有。尤其是苦心孤诣并被给予厚望的萨达姆防线,在美军的侦察监视和打击下几乎没有发挥多少作用就土崩瓦解。一时间,"非接触作战已经成为这个时代的作战标识""两军对垒的堂堂之战时代已经一去不复返""首战即决战""发现即摧毁""只要进攻方想打就没有打不毁的工事"等似乎已经成为整个军事理论界的共识。至此,筑城似乎由战争舞台的中央逐渐退缩到被人遗忘的角落。

沿循世界之交战争形态和作战方式的发展脉络,俄乌冲突伊始,几乎整个军事理论界都认为这又是一场有过之而不及的非接触闪电战。但战争进程的焦灼,却使作战双方再一次把阵地工程构筑推向了战争舞台，筑城重新回到公众视野。

本书共包括"认知、释疑、回应、演变、争论、价值、窘境、铸盾"8章51小节，力争以简单通俗的语言，讲清究竟什么是筑城、筑城中的易混概念、筑城的实践法则、筑城的历史段落、筑城的是非、现代战争中筑城到底有啥用、筑城面临的时代困境和筑城该何去何从等世人关注的焦点。拔高点讲，以上8部分内容也可以对应理解为筑城本质论、筑城认识论、筑城实践论、筑城历史论、筑城是非论、筑城价值论、筑城矛盾论、筑城发展论。

坦率地讲，著写本书既有一种学术冲动，也有一种为专业发展呐喊和倾力的责任驱使，但更多的是知之不吐不快、不与公众交流则内心不安的良知唤醒。但必须承认的是：作为初涉筑城专业领域的新人，我们自知对筑城的理解还非常肤浅，专业知识储备还比较单薄，由此导致拙著的系统性、专业性、前瞻性必然还有很大差距。在高著如云、阔论如海的新媒体时代，我们从来不敢奢望好评如潮，如果其中的某一观点、某句话、某个词能够给读者特别是部队官兵一些启发与触动，或者引发思想上的共鸣，就达到了我们的研究初衷。当然，如果能够对部队备战打仗发挥一些积极作用，那就是对我们最大的肯定与褒奖了。

向所有为胜战而探索的平凡者致敬！向所有理解、支持、包容胜战探索的同行人致敬！

2024年4月8日于徐州

目 录

序言　筑城为何江河日下 / 1

第一章　认知：这才是筑城 / 1
    为啥叫筑城 / 1
    筑城不等于防御 / 7
    筑城不是工程兵的专属 / 14
    筑城不只是技术 / 20

第二章　释疑：筑城问题知多少 / 27
    永备筑城还是野战筑城 / 28
    野战筑城真的很 Low 吗 / 36
    怎么区分堑壕和交通壕 / 41
    掩体、掩蔽所、掩蔽部、掩蔽工事是啥关系 / 46
    单层式防护层与成层式防护层的真正区别 / 51
    筑城障碍物是啥，现在还有啥用？/ 56
    筑城和伪装有啥关系 / 61
    永备筑城 VS 土木工程 / 66

第三章　回应：筑城的实践法则 / 72
　　设计野战工事的门道 / 73
　　设置障碍物的门道 / 81
　　如何规划一个阵地 / 87
　　如何构筑一个野战指挥所 / 93

第四章　演变：筑城的历史段落 / 102
　　原始战争：长矛石器与环壕城邑 / 102
　　冷兵器战争：刀枪剑戟与城池长城 / 107
　　热兵器战争：火枪火炮与炮台要塞 / 113
　　机械化战争：飞机、坦克与道带阵地 / 118
　　信息化、智能化战争：精确制导与筑城形态 / 123

第五章　争论：筑城的辉煌还是耻辱 / 129
　　马其诺防线与黄色方案 / 130
　　齐格菲防线与阿登反击战 / 135
　　远东防线与八月风暴 / 142
　　巴列夫防线与高压水枪 / 146
　　萨达姆防线与左勾拳行动 / 151
　　总结：虽其未成，败非其过 / 157

第六章　价值：筑城到底有啥用 / 163
　　遏止战争的定盘星：威慑 / 163
　　抗敌打击的"金钟罩"：防护 / 169
　　攻防作战的隐身衣：隐蔽 / 176
　　阻敌行动的绊脚石：迟滞 / 182

第七章　窘境：筑城的时代窘境 / 188
　　"天网地眼"让筑城无处遁形 / 188
　　"多方精打"让筑城防不胜防 / 194

"进程缩短"让筑城跟不上节奏 / 200

"空间多域"让筑城触手难及 / 205

第八章　铸盾：筑城该何去何从 / 210

不能单打独斗：综合防护 / 211

永不褪色的防护衣：疏散隐蔽 / 217

以低调谋生存：小型低下 / 225

适应作战进程：快速构工 / 231

无人无声无形构工：隐身作业 / 239

向两极地区进军：开垦最后陆域 / 244

"马其诺防线"不一定在陆域：空间拓展 / 251

三栖变形金刚：指挥车辆的未来 / 256

一人千面与千人一面：指挥员的模样 / 263

从防御走向攻防一体：补筑城之缺位 / 269

虚拟阵地接入现实战场：立体成像 / 275

后记　如果它重要一定会回来 / 280

第一章　认知：这才是筑城

对于军事领域的人甚至包括军事爱好者来讲，对筑城可能都不陌生，因为战争影视剧里随处可见掩体、碉堡、堑交壕的画面。谈及筑城，可能很多军事专家、院校教员和部队指战员的第一反应是"它是工程兵的专业"，可能很多人都会自觉或不自觉地将其与防御作战联系在一起。但殊不知，筑城绝非是简简单单地"挖坑"，也不只是工程兵自己的事，更不等同于防御。很长一段时间里，很多人包括部分从事筑城的业内人士其实误解了筑城。那么，到底什么才是真正的筑城？筑城的名字是怎么来的？筑城的真实内涵是什么？我们应该怎么理解筑城？

本章为筑城本质论。

为啥叫筑城

第一次听到"筑城"这个专业术语时，相信很多人都会有一种怪怪的感觉。是的,20年前当我报考军校看到筑城这一专业目录时,也觉得它有些晦涩;在军校学习期间,可能由于"只读书不求甚解",心里还是觉得这个专业名称与掩体构筑、掩蔽部架设、坑道等专业课目好像并不完全对应;本科毕业后,由于没有被分配到筑城专业岗位,心中的那份"别扭"被暂时搁置;后来因军队调整改革,被选调到工程兵院校教员岗位,承担筑城专业教学任务,参加工作后心中久藏的那份"别扭"越发"膨胀",一段时间内,"为什么它的名称不像地雷、爆破、桥梁等其他工程兵专业那样可以直接望文生义和一目了然？它为什么叫筑城？筑城的本质是什么？"这些在别人看来可能不是问题的问题就像一块石头压在心底,给人强烈的窒息感;这些问题如果搞不清楚、想不明白,自己觉得就没有资格当教员,自己都无法容忍自己的无知。

按照西方兵圣克劳塞维茨关于"任何理论首先必须澄清杂乱的、可以说是混淆不清的概念和观念。只有对名称和概念有了共同的理解,才可能清楚而顺利地研究问题,才能同读者常常站在同一立足点上"①的理论,自然我们想从概念上找到破解问题的窗口。2011年版《军语》对其定义为:"在防御阵地上构筑的工程设施体系。包括各类工事、障碍物等。分为永备筑城和野战筑城。"②20世纪90年代原总参谋部兵种部编写的《野战筑城》教材将筑城定义为:"为保障军队安全地进行射击、观察、指

---

① [德] 克劳塞维茨:《战争论》(第一卷),中国人民解放军军事科学院译,北京:解放军出版社,2005年,第97页。
② 全军军事术语管理委员会:《军语》,北京:军事科学出版社,2011年,第815页。

挥、隐蔽、机动和迟滞敌人行动构筑的阵地工程的统称,亦指构筑工事、筑城障碍物等阵地工程的行动。"①《中国军事大辞海》将筑城解释为:"保障军队射击、观察、指挥、隐蔽、机动和迟滞敌人行动等工程的统称。包括各种工事、筑城障碍物和改造地形等。"②原总参谋部军训和兵种部编写的《野战筑城技术》没有对筑城进行解释,对野战筑城的定义为:"为了实现战争的目的,在临战前或战斗中,充分利用改造地形,使用就便材料、预制构件及制式器材,迅速构筑的临时性阵地工程及构筑这些工程相关技术的集合。"③从字面上看,虽然以上定义不尽完全一致,但基本将筑城定位为阵地工程,具体又包括筑城工事和筑城障碍物。对于不深入了解筑城的人尤其是部队指战员来讲,看了以上定义难免会有"阵地工程与筑城怎么关联在一起?从筑城工事和筑城障碍物的角度理解筑城似乎又有以概念解释概念之嫌"。是的,以上定义不可谓不权威,但仅从以上定义理解,对于筑城我们好像还是有一种"雾里看花"之感,似乎还是没有理解筑城的本意。

马克思历史唯物主义告诉我们:事物是运动发展的,任何事物都是由过去走到现在,由现在走向未来。过去是现在的前身,现在是未来的起点。要想真正看清事物的本质,不仅要认识它的现在,更要了解它的历史,只有了解它的历史,才能真正理

---

① 中国人民解放军总参谋部兵种部:《野战筑城》,北京:解放军出版社,1996年,第1页。
② 《中国军事大辞海》编写组编:《中国军事大辞海》,线装书局,2010年。
③ 中国人民解放军总参谋部军训和兵种部:《野战筑城技术》,北京:解放军出版社,2011年,第1页。

解它的现在。由此来看,既然从当今的定义概念中我们无法彻底理解筑城,那就需要追根塑源,就需要剖词解义了。

伴随战争一路走来,可以说一部筑城体系变革史就是一部战争形态演变史。探寻筑城的起源就撇不开战争的起源。原始社会早期,由于人类没有掌握生产工具,基本没有生产力,人类主要取食于自然,社会的主要矛盾是人与其他野兽、人与自然环境的生存之争。在一次偶然的斗争中,某位聪明的原始人发现利用沟壑可以将自己与野兽隔开,进而保护自己免遭野兽的攻击。从那时开始,人类便意识到通过利用与改造地形可以有效地防御。但严格地讲,当然这还算不上真正意义上的战争。后来随着生产力的发展,尤其是人类掌握种植和畜牧技术后,不仅人类的生活方式由原来的狩猎游牧转为农耕定居,社会产品也出现剩余,私有财产和私有制出现,为了争夺和保卫农产品、家禽、土地等私有财产,氏族与氏族、部落与部落之间开始发生战争。为了保卫自己、抵抗侵略,氏族、部落便想到在生产生活地域外围构筑环壕,这便是筑城的雏形,也称为"壕环聚落"(当然,那时可能还没有出现筑城一词)。后来随着生产力的进一步发展,人类生产生活方式和财富更加集中,聚落中心逐渐形成,城镇、城堡出现了(比如著名的平遥古城)。城镇、城堡作为政治、经济、文化中心的象征,意义更加重大,城破即意味着国亡。因此,筑"城"时不仅要考虑人们的日常生产生活方式,同时很大程度上也要考虑发生战事时的作战方式,"城"兼具生产生活和作战防御的双重属性。具体来讲,防守方为抵御敌人的进攻,便在城镇外围构筑高厚的城墙、宽深的城池,并且为了将敌人尽远防御,在国域边界也开始构筑长城、要塞。到春秋战国时期,"三里之城,七里之郭""千丈之城,万家之邑"现象已普遍存在。此时,筑城在相关史书里已经有明确记载。比如,《吴越春秋》中"故太伯起城周三里二百步,外郭三百余里""夫筑城郭,立仓库,因地制宜,岂有天气之数以威邻国者乎""寡人之计未有决定,欲筑城立郭,分设里间。"[1]等多次提及"内为城、外为廓"的理念;《汉书》也有"有石城十仞,汤池百步"[2]的记载。此外,军队里也出现了专门承担"筑城"任务的力量。比如,在先秦时期,就已经有了兵役和徭役之分,其中徭役主要就是从事军队无偿劳动;在秦朝时期,其军队主要由"皇帝警卫部队、首都卫戍部队、边防戍守部队和郡县地方部队"四种构成,其中边防戍守部队除驻守边境要地,其主要任务就是构筑修建边境城塞的防御工事。至此,某种程度上讲,"筑城"(构筑城寨)不仅与军队、作战结下了不解之缘,而且也成为"防御工事"的代名词。在古代,每当官府征徭役或者被贬谪发配边疆时,人们的第一反应就是去筑修边境防御工事。

作为筑城的一种存在形态,城池、长城一直伴随冷兵器战争的始终。后来火绳枪、火炮等热兵器出现后,高大宽厚的城墙反而更易遭受打击,明显难以适应战争的需要,城池防御便向棱堡、炮台防御方向发展。随着武器装备机动力、杀伤力的增强,

---

[1] (东汉)赵晔:《吴越春秋》。
[2] (东汉)班固:《汉书》。

以及地形改造能力的提升,防御样式由要塞防御、炮台防御转向阵地防御,现在意义上的筑城逐渐形成。

理不辩不明,事不理不清。讲到这里,相信大家已经理解了筑城的由来。筑城这一名称来源于古代,"筑"可以理解为构筑、筑修,"城"原意为城池、城塞、城堡,后来随着战争形态的演变和作战方式的变革,原来的城池争夺逐渐发展为阵地攻防,筑城的内涵发展演变为阵地工程。由此可见,现在意义上筑城可以理解为构筑的阵地工程体系、构筑阵地工程的技术以及构筑阵地工程体系的行动。

也就是说筑城这一名称起源已久,这一名称之所以沿用至今既有历史元素,也有文明传承,使用筑城这一名称具有深厚的历史时空感。很多人之所以觉得这一名称有些"别扭"与"不易理解",是因为对筑城史的来龙去脉不太了解,是因为只关注与知道现在的筑城干什么,很少或者从来不去关注与思考以前的筑城什么样。造成这一现象,我们认为可能有以下几点原因:一是因为筑城的历史太过悠久,悠久得使现在很多人如果不去翻开历史,根本就不了解;二是因为长期以来我军筑城专业主要开设在工程兵院校,招生与培养规模相对有限,特别是经过新一轮军队院校调整改革,筑城学科专业与人才培养进一步压缩,部队官兵尤其是指挥员系统学习过筑城专业的越来越少;三是进入新世纪,信息技术高速发展,彻底催发了战争形态和作战方式的变革,尤其是武器装备的侦察监视和打击能力接连实现质的飞跃,而构工防护技术发展明显滞后,筑城体系并没有像人们预想的那样发展到与新时代战争特征相对应的新形态。

当然任何事物都不是一成不变的,都是在过去的基础上被不断赋予新的时代色彩。名称作为事物的标签,是事物过去与事物现在碰撞汇聚的结晶,是人们对事物认识的凝练,应能直接反映事物的本质与显著特征。但至于究竟是使用过去的名称,还是给它另外起个名字,则取决于事物过去与事物现在的相互作用,取决于新的名字能否与人们的认知相符合。从这个角度讲,筑城这一名称也不是一成不变的,如果"筑城"已经不能准确体现这一专业的真正内涵,如果新的名称更合时宜,给它换个名称也未尝不可。至于究竟叫什么,阵地工程?工程设施?战场工程?还是继续叫筑城?亦或……需要战争赋名,需要时间揭晓。

诵其文未必知其意,欲知其意先知其史,知史但不能困于史。一句话,筑城的名称源于厚重的历史,筑城的起源像历史一样深远,了解了筑城史自然就理解了筑城,明日筑城是否还是筑城且等明日。

筑城不等于防御

不知源于何时,也不知始于何处,目前人们似乎已经习惯地认为筑城就是掩体、掩蔽部、坑道等防御工事,已经根深蒂固地认为好像只有防御作战才会使用筑城,好像筑城天生就是用来抵抗武器装备进攻的盾，好像除了防御、防守、抵抗武器装备进攻，筑城再无其他用处。

纵观整个人类战争史，不可否认筑城是一种主要防御手段，是防守方抵抗进攻方尤其是弱势防守方抵抗强势进攻方的重要方式，是弥补防守方武器装备差距实现转劣为优的有效途径。1941年9月至1942年1月的莫斯科会战中，苏联政府征用民工构筑了200余英里的维亚兹马防线、160余英里的莫日艾斯克防线与四道弧线防线，苏军正是依托坚如壁垒的阵地工程重挫了德军的进攻锐势，打破了德军闪击战屡试不败的神话。1952年，在朝鲜战场上志愿军2个连队之所以能够抵抗住敌军6万余人、300余门火炮、170多辆坦克、3 000多架次飞机前后持续43天共计900多次的进攻，除了志愿军英勇无畏、坚如磐石、气吞山河的战斗精神，另一个重要因素就是在598高地、537.7高地上构筑了大量的坑道和野战化掩蔽部，有效弥补了我军与联合国军的武器装备之差。

可能正是因为筑城在过往的防御作战中创造过太多的辉煌，可能大多数人接触的筑城样式主要是抗击武器装备打击的防御工事和迟滞敌人机动、进攻的障碍物，可能筑城的主要作用之一"防护"与防御有些相似度，在人们的印象里好像筑城注定是用于防御。甚至学术研究领域最为权威的《军语》对其定义也是"在防御阵地上构筑的工程设施体系"。[①] 这足以说明当前这

---

① 《军语》，全军军事术语管理委员会，北京：军事科学出版社，2011年，第815页。

一认知在人们的认识里不可谓不普遍、不可谓不深入(在此只是为了实事求是地说明人们对筑城的认识有所偏颇,绝非对《军语》的权威性质疑)。

但经过深入了解一些战史文献资料,我们发现筑城的原意真的不局限于防御。无论是我军,还是外军,包括与我们交过手的国民党军也历来没有将筑城拘于防御。

比如,中华民国六年(1917),陆军军官学校校长杨祖德所著《筑城学教程》第四篇专门论述了野战攻击筑城,其中包括"坚固野战阵地之攻击筑城、攻击阵地之编成、突击前后之作业、突击路之开设、突击奏效后之作业";中华民国二十年(1931),署名为蒋中正的《筑城学》卷二不仅第三篇专篇论述了"对于依据永久筑城之阵地之攻击筑城及地中之战斗"(包括攻击筑城、冲锋作业、地中之战斗,其中地中之战斗又区分攻击坑道、防御坑道进行分别论述),而且把露营、厂营及给水排水照明采暖等设备也纳入筑城学之范畴;中华民国二十六年(1937),北平武学书馆印行的《新野战筑城教范》第一篇将掩体、掩蔽部、监视所、观测所、障碍物、伪装、排水等均列为筑城之素质及基本作业,第二篇区分防御、攻击论述了筑城之应用;中华民国二十七年(1938),国民党军事委员会政治部印发的《筑城学摘要》,不仅在第四章专题论述了攻击筑城,而且在第三章论述防御筑城时明确将筑城的内涵理解为阵地编成及设备;《抗日筑城要则》不仅将分散、伪装、掩体、掩蔽部及抢修、阻绝、高粱地之利用、城垣之防御等均纳入筑城之范畴,而且在编纂大意里明确提出:"筑城足以保持增进我军之战斗力,减少敌人兵器之威力,而消耗其资财,故此次抗战应特别注重于筑城。"即将筑城的作用不仅定为为保存有生力量,而且还可以增进战斗力;陈泽普等主编的《野战筑城之研究》[①]在上卷第二篇筑城技术实施中不仅论述了散兵坑、交通壕、散兵壕、掩蔽部、掩体、展望台、障碍物、排水设备与被覆,也论述了伪装和土工术,在下卷不仅专篇论述了防御时之野战筑城,还专篇论述了攻击时之野战筑城、特种战斗之野战筑城……由此可见,国民党军队认为筑城不只是现在意义上的筑城工事、障碍物,还包括伪装、宿营,即整个阵地工程;筑城不仅可以用于防御,而且在进攻作战中同样大有可为。

从外军来看,英军对筑城的定义为:筑城是为抵御进攻而加固的各类军事阵地;美军对筑城的定义为:筑城是一种旨在加强某一地方或阵地的军事防御工程。请问"为抵御进攻而加固的各类军事阵地"就一定是防御作战吗?进攻方不需要抵御防御方的打击吗?请问"军事防御工程"就存在于防御作战中,进攻作战中不需要军事防御工程吗?也就是说,英军和美军对筑城的定义只是将筑城划定为防御的手段,也没有将其限定于防御作战。

从我军来看,1947年晋察冀军区司令部印发的《野战筑城参考材料》,除对土工作业法、各类掩体、交通壕、障碍物、掩蔽部的构筑方法和步兵防御阵地的编成进行了详细介绍,而且开宗

---

① 陈泽普,王笃亲:《野战筑城之研究(上卷)》,南京共和书局印行,1938年,第4—196页。

明义地指出在地上或地下所构筑的工事都叫筑城（从现在来看，筑城的内涵肯定不只是工事。另外，可能由于其只对步兵防御阵地编成进行了专章论述，可能会让人形成"筑城只应用于防御作战的误解"，但客观来看其并未明确将筑城限定于防御作战）。1953年以中国人民解放军工兵司令部名义发布的《工兵教范野战筑城》第二部筑城工事（由苏军工兵教范翻译整理而成，共三部。第一部为阵地构筑，第三部为筑城障碍物和水障碍物），客观详细介绍了射击工事、观察所、指挥所、堑壕、交通壕、掩蔽所、掩蔽部以及特殊条件下的筑城工事。1980年中国人民解放军工程兵司令部编写印刷的内部教材《民兵野战筑城教材》，除仍然延续技术角度介绍土工作业、射击工事、观察工事、堑壕、交通壕、掩蔽工事、筑城障碍物外，还对城市现有工程的利用与改造、不同地形气候条件下的野战工事进行了明确。1996年，中国人民解放军总参谋部兵种部委托工程兵指挥学院编写的《野战筑城》除野战工事、筑城障碍物两篇内容，在专篇论述野战筑城的运用时，重点论述了野战筑城在野战防御阵地中的运用、指挥所的构筑和野战筑城工程作业的组织与实施。之后，我军关于筑城的著作教材基本保持这种体例内容。

客观评析，以上文献主要是从技术的角度、以客观中性的立场对筑城进行阐述，虽然有些文献只介绍了筑城在防御作战中的作用，虽然没有专门论述筑城在进攻作战中的运用，给人筑城似乎只能运用于防御作战之嫌（这可能也是促使人们对筑城误解的重要原因），但全文确实没有将筑城局限于防御的痕迹。尤其是于江在其主编的《野战筑城》教材里开篇对筑城下的定义便是"为保障军队安全地进行射击、观察、指挥、隐蔽、机动和迟滞敌人行动而构筑的阵地工程的统称",这一定义更是没有任何将筑城与防御作战捆绑之意。[1]

另外,从战争实践来看,难道只有防御方需要构筑指挥所掩蔽部,进攻方不需要构筑指挥所掩蔽部吗?难道只有防御方需要构筑掩体、射击工事、观察所,进攻方就不需要吗?难道只有防御方需要迟滞进攻方的机动、进攻,进攻方不需要迟滞防御方的机动、进攻吗?不需要通过设置障碍物阻止防御方相互支援和抗击防御方的反冲击吗?如果进攻方不构筑城工事、不防护,就赤裸裸地被打吗?如果进攻方不需要设置障碍物,就眼睁睁地看着防守之敌相互支援和逃跑吗?一句话,如果我们骨子里认为筑城就只能用于防御作战,在未来的战场我们将吃大亏。总之,进攻作战时要想取得胜利,绝对不能忽视筑城的运用,筑城对于进攻方同样具有举足轻重的作用。1933年至1934年,国民党军在对中央苏区第五次"围剿"以及抗日战争时期对陕甘宁根据地封锁中,就构筑了大量的筑城碉堡,给红军造成了重大损失。中国抗日战争时期,华北、冀中平原上的抗日军民依托内外联防、家家互通的地下工事,创造性地发明运用了地道战作战方式,对日本侵略者进行了沉重打击。解放战争时期,在对国民党坚固防御阵地和城市攻坚作战时,各野战军的主要作战方式

---

[1] 中国人民解放军总参谋部兵种部:《野战筑城》,北京:解放军出版社,1996年,第1页。

之一就是土工作业、近迫作业；朝鲜战争中，志愿军通过大量构筑坑道工事，把单纯用于防护的坑道发展为能藏、能打、能生活、能机动的坑道筑城体系，为保存战力和机动歼敌发挥了至关重要的作用。如果说这些战例有些久远，那么我们把视野拉回2022年。在俄乌战场上，造成俄军指挥官被频频斩杀和战损如此之重的原因有很多，但我们认为俄军疏于进攻时的防护是不可忽视的重要因素之一。比如，俄军凌厉攻围基辅的开进过程中，其长达63千米的"铁甲长龙"，几乎没有采取任何有效伪装措施，被北约卫星在互联网上实况直播。再比如，2022年4月1日乌2架米-24直升机轻松突破俄罗斯防空体系，对其本土别尔哥罗德市石油设施实施空袭；4月24日，乌在无人机引导下，又炮击了第聂伯河对岸的俄第49集团军前线指挥部，造成50余名军官伤亡……战争用铁与血的教训告诉我们：古往今来，无论是进攻还是防御，在胜败的天平上筑城都不可或缺！

总之，虽然筑城是一种主要防御手段，虽然防护是筑城的主要作用之一，虽然防御工事是筑城的重要组成部分，虽然筑城在防御作战的舞台上曾经演绎出无数耀眼的辉煌，但筑城不只是防护，也不等于防御工事，更不是只能用于防御作战。除了防护，筑城还有威慑、隐蔽、伪装、倍增战斗力生成等作用；除了防御工事，即便按照现在的观念筑城还包括障碍物；筑城不仅是防御作战的重要支撑，进攻作战也离不开筑城；防御方需要防御阵地，进攻方也需要进攻阵地；筑城的内涵是阵地工程，筑城贯彻渗透于集结、机动、攻防、控制等各类作战样式和各个作战行动。

筑城不是工程兵的专属

《军语》对工程兵的解释是："以各专业工程器材、机械、设备为基本装备,担负工程保障任务的兵种。由工兵、舟桥、伪装、给水工程、工程维护、工程建筑等专业部队和分队组成。"①(需要注意的是:在我军的军事话语体系里,工兵不等于工程兵,除了工兵,工程兵还包括舟桥、伪装、给水、工程维护与建筑等力量。)《军语》对工兵部队的解释是:"工程兵中担负野战工程保障任务的专业部队。由道路、桥梁、地雷、爆破、筑城、伪装等专业分队组成,有的还编有舟桥、破障等专业分队。"②综合以上两个概念,通常认为工程兵主要包括道路、桥梁、地雷、爆破、筑城、伪装、舟桥、给水等专业。可能正是基于如此,很多人认为筑城就是工程兵的专业,挖掩体、构筑掩蔽部、开设指挥所、设置障碍物等就是工程兵的活。

不可否认,筑城确实是工程兵的专业,但这并非说明只有工程兵才需要学习筑城,也并非说明构工设障就靠工程兵来干,并不意味着其他作战部队与作战力量就可以对筑城一无所知,就与筑城毫无关系。

筑城是每个单兵都应掌握和了解的专业。为什么这么说?

---

① 全军军事术语管理委员会:《军语》,北京:军事科学出版社,2011年,第795页。
② 全军军事术语管理委员会:《军语》,北京:军事科学出版社,2011年,第795页。

举个简单的例子,试问哪个单兵在战场作战时不需要掩体?难道在战场上还要工程兵给每个人构筑掩体吗?哪里有那么多工程兵?难道没有工程兵保障,其他人员就不构筑掩体吗?显然不可能!作战时,不可能为每个人都配一个工程兵,掩体构筑是每个单兵都应掌握的必备生存技能。也正是因为如此,尽管我军《军事训练与考核大纲》几经修改,但正如队列、步枪操作、卫生与救护等课目一样,每版大纲均将单兵掩体构筑与伪装列为入伍训练阶段的共同训练课目,大纲明确规定每个单兵都应能够结合地形正确选择掩体位置,都应会利用与改造地形构筑单兵掩体,都应会使用制式和就便器材对战斗掩体进行伪装。可以不夸张地讲,掩体不用逼着学,也不用逼着挖,只要发生战争,只要到了真实的战场,为了保存自己,每个单兵都会不等不靠,都不会再去区分自己是不是工程兵,都会主动学、主动挖。

筑城是各军兵种力量都应掌握和了解的专业。为什么这么说?试问无论是陆军、海军、空军,还是战略导弹部队,哪个军种不需要为武器装备、弹药、物资构筑野战掩体、掩蔽库或掩蔽所?这些军种都有工程兵吗?对于没有工程兵的军种,这些任务谁来干?无论是装甲兵、炮兵,还是工程兵、通信兵,当作战持续时间较长,为了保障安全地工作与休息,无论是前方作战分队,还是指挥机构,或者后方勤务分队,哪个不需要构筑人员掩蔽部?难道没有工程兵就不构筑了吗?人员就裸露在炮火之下吗?同样,射击阵地、炮兵阵地、防空阵地、雷达阵地以及各作战部队阵地内交错相连、四通八达的堑壕、交通壕和星罗棋布的障碍物,这么大的工程量，仅靠有限的工程兵干得完吗？正如《筑城学摘要》总说开篇即明确的"野战筑城通常在战斗间或战斗前由使用之军队自行实施"那样，除了旅团级以上指挥机构的野战指挥所，需要工程兵筑城专业力量参与，其他所有阵地工程构筑任务恐怕主要还是要依靠部（分）队自身力量完成（工程兵可派力量进行业务指导）。

筑城是各个层级均需要掌握和了解的专业。为什么这么说？除了军队编成结构的末端实体（末端实体即所有战斗员对筑城的需要，已在上文例证），试问军、师（旅）、团、营、连、排等各层级指挥机构哪级不需要构筑野战指挥所？的确，也许野战指挥所构筑实施过程不一定由指挥机构内的指挥人员亲自动手完成，但野战指挥所位置选择在哪里、抗力达到什么等级、采取什么构工方式、什么时间开始与完成开设等构筑要求则不是筑城专业分队自己能够决定的事，需要符合上级意图，需要指挥机构甚至是核心指挥员明确，构筑过程需要指挥机构高度关注甚至亲自筹划与组织。对此，在作战文书中，将指挥所的位置和开设时限等要求明确写入作战决心与作战命令便足以例证。试问，如果各级指挥机构的指挥员对筑城专业一窍不通，不了解指挥所选址要求，不清楚抗力等级区分，对所属筑城专业力量大小和指挥所构筑能力没有底数，怎么提出这些要求？这些要求提的不准确、不及时，筑城专业力量怎么构筑指挥所？构筑的指挥所满足不了作战指挥要求，又将会造成什么样的后果？

此外，排有排阵地，连有连阵地，营有营阵地，旅（团）也有旅

(团)阵地……各级的阵地选址、阵地范围、阵地类型、阵地编成等阵地规划需要相应指挥员精心筹划设计,阵地工程建设实施也需要各级指挥员全程严密组织。如果各级指挥员对整个阵地没有统筹规划,所属分队想在什么地方构筑就在什么地方构筑,整个阵地就形成不了统一的整体,整个部队也无法形成作战合力。所以,筑城看似只是工程兵的专业,但其实是各级指挥员指挥素养的重要组成部分,是指挥能力和作战能力生成的重要因子。

筑城的地位作用源于筑城的作战需求。各级、各军兵种甚至每个单兵之所以需要掌握和了解筑城,根本原因还是因为筑城广泛渗透与应用于整个战场全局。

各种作战样式均需要筑城。岛屿进攻作战,部队集结时需要在集结地域构筑野战营地和防空阵地,登陆作战时需要构筑野战机场、炮兵阵地、导弹阵地、空(机)降场和野战码头,岛上机动作战和城市作战时需要结合攻防转换构筑防御阵地和进攻阵地。

海上机动作战,除需构筑防空阵地、炮兵阵地、导弹阵地和野战机场外,还需要在陆上和已夺占岛礁海岸线上构筑一线海岸阵地。

边境反击作战,既需要在边境线上结合地形构筑自卫防御阵地稳边固疆,也需要在敌人机动道路和进攻方向上机动设障阻止与迟滞敌人侵犯,还需要在反击时构筑各类进攻出发阵地,有力打击侵略者和快速恢复边境态势。

防空反导作战,不仅需要构筑大纵深、立体化、外向性的防空反导阵地,而且需要对重要战略目标实施工程防护。

至于核战争,毫无疑问对工程防护的标准要求更高、范围要求更广,阵地工程不仅要具备抗击常规武器毁伤的防护能力,而且要具备抗核打击能力,不仅要求政治军事目标要进行防护,民生目标也要进行防护。不夸张地讲,如果发生核战争,没有工程防护或工程防护做得不好的一方将万劫不复。

各个作战阶段均需要筑城。包括阵地工程在内的战场工程建设不是一朝一夕之事,也不是一劳永逸之功,可以说在各个作战阶段均离不开筑城,筑城贯穿于整个作战进程始终。和平时期,要进行飞机洞库、战略性武器装备与物资掩蔽库、指挥工程、通信工程、人防工程以及边海防等永久性军事防护工程的建设与修缮;战役战斗准备时期,要根据战略战役形势研判作战企图,对己方重要战略战役目标防护工程进行战前加固,对边海防和主要作战方向的防御或进攻阵地临战前进行针对性检查、修补、增建;作战过程中,根据作战进程和战场态势发展,在敌人机动道路上临机设障,组织野战指挥所开设、机动与转移,对受损的重大国防工程和野战指挥所、人员掩蔽部、车辆掩蔽所、物资掩蔽库等进行转移或抢修抢建,构筑直升机起降场。作战结束后,根据战略战役目标部署调整,增建新的军事防护工程,结合作战攻防转换需求,做好对空掩护和防御阵地构筑,确保作战体系稳定。

各类作战行动均需要筑城。侦察监视行动,需要通过改造利用地形与构筑观察工事,为侦察监视力量和侦察监视行动提供掩护。

预警探测行动,一方面需要为预警机、预警雷达等预警探测武器装备和设施构筑掩蔽库,为预警探测力量提供生存防护,另一方面,根据需要还需构筑陆基或海基前进基地或中转跳板等战场工程,增大探测预警范围。

兵力投送行动,需要构筑防空阵地,为兵力集结提供对空掩护;需要抢修抢建受损道路桥梁,为陆上投送提供机动工程保障;需要构筑野战空投(机)场,确保空(机)投兵力顺利着陆;需要维护海上通道和构筑野战码头,保证海上机动畅通。

火力打击行动,需要构筑炮兵基本、临时和预备阵地,为火力效能发挥和兵力转移提供依托;需要构筑野战弹药库,防止弹药被敌打击和战火引爆。

电子对抗行动,需要为重要电磁设备进行综合防护,一方面能够抗敌火力硬摧毁,另一方面形成电磁屏蔽,防止被敌电磁干扰和破坏。

兵力突击行动,需要注重利用和改造地形、地物,为突击力量提供掩护;需要结合作战节奏转换,构筑设防阵地,阻敌逆袭和反冲击。

特种作战行动,需要通过改造利用地形地物,为特种作战行动中的射击、观察、机动、隐蔽提供掩护。

无人与反无人作战行动,需要为无人机控制站(台)和无人机储存库提供综合防护,防敌精确打击和电磁攻击;需要对指挥机构、通信枢纽、数据中心等重要目标进行重点防护,防敌无人蜂杀。

综合防卫行动,需要构筑防空反导阵地,需要为战略战役指挥机构、飞机、战略性武器装备和物资构筑军事防护工程,需要在防御前沿、防御纵深等作战全域构筑多道防御阵地。

将筑城专业列入工程兵专业学科目录只是一种学科体系存在形态,筑城分队隶属于工程兵部队也只是部队力量结构演化至今的编成模式。不可否认,这种存在形态与编成模式是历史进化的结果,具有毋庸置疑的时代合理性。但正如我们不能因为计算机工程被列入计算机科学与技术学科专业目录,就认为计算机工程只需要计算机专业的人掌握和了解,就认为计算机工程与其他专业领域没有任何关系。同样,我们不能因为筑城位列工程兵专业目录和部队编成之下,就认为筑城只属于工程兵,只需要工程兵掌握和了解。我们要清醒地认识到,筑城在各种作战样式、各个作战阶段、各类作战行动中的广泛适用性,决定筑城不仅是工程兵的专业,而且与其他军兵种密切相关,需要各级指挥员、每个战斗员和所有部队普遍关注与了解。

筑城不只是技术

可能受"工程兵就是一个技术兵种,哪有什么战术"这一错误观念的辐射影响,可能因为筑城专业力量常态担任保障分队而非战斗分队的缘故,可能因为筑城分队的主战武器装备是工程车辆而不是坦克火炮,虽然没有文献明确规定,虽然很多人嘴上不便明说,但长期以来在很多人的心中会潜意识地认为筑城就是土工作业,就是一种专业技术,就是别人让干啥就干啥。

起初这些原因只是我们的猜测,所以我们说是可能。但这些可能是不是成立?到底是什么原因促成这种认识?筑城是不是只是技术没有战术?需要我们深入研究与探讨。

之所以有这种错误认识,经过客观分析,我们认为主要有以下两点原因:

一方面,对筑城专业技术的权威著述有所误解。任何专业都是一个逐步累加、迭代发展、持续完善的过程。回望我军筑城的发展之路,亦是如此。可以说筑城专业发展至今,源于各级机关对筑城专业发展的高度关注与支持,源于一代又一代筑城人的持续努力。自新中国成立以来,围绕筑城和工程防护专业领域,形成很多具有重大影响力的著述成果,这些成果为筑城专业建设发展、筑城专业人才培养和军队工程防护能力提升发挥了奠基性、开创性、引领性、支撑性作用。比如,2006年原总参谋部军训和兵种部出版了《工程兵专业技术》,区分野战筑城、永备筑城两个篇章,介绍了筑城的基本知识、野战工事与筑城障碍物以及指挥所的构筑、防护措施和坑道施工;2011年原总参谋部军训和兵种部出版了《野战筑城技术》,对野战工事的设计原理、各类野战工事的设计、野战工事试验、设障技术、阵地工程规划技术进行了详细介绍;2012年原工程兵学院出版了《筑城专业技术》,虽然当时只是内部教材,但实际上在全军筑城分队广为使用;2014年原总参谋部军训部依托原工程兵学院出版了《工程兵专业技术教材——野战筑城技术》,区分野战筑城工事、筑城障碍物、野战筑城装备操作与使用上中下三册,对野战筑城专业技术进行了系统介绍,作为统编教材配发全军……

　　对于这些著述成果的层次性、权威性和专业水准毋庸任何质疑。但客观审视,这些专业著述多是从技术角度阐述筑城工事和筑城障碍物是什么、怎么分类、内部构成、参数标准和构工工艺等内容,结合作战行动讲怎么运用的少。认识是对客观事物的主观反映。虽然我们知道这些著述的本义肯定并非如此,但可能因为这些著述的广泛适用性和深层影响力,使很多人形成"筑城技术论"的误区。

　　另一方面,长时间的和平环境荒芜了筑城战术。战术训练是在实战背景下、结合作战任务进行的训练,最好的战术训练是实战。虽然训练大纲也设置了筑城战术训练课目,虽然平时演训时也设置有构筑指挥所、构筑障碍场等行动,虽然各级一再强调按照实战要求训练、按照平时训练备战,但由于我们已经30多年没有打过仗了,官兵心里难免会自觉不自觉地产生这是演习不是实战,会在无形中降低课目设计、条件设置、任务行动的逼真度。如此一来,本来属于战术训练的课目最后往往会简化为纯粹的构工作业。比如,对于构筑指挥所行动,上级明确指挥所选址、抗力等级、构筑时限等要求后,应该由筑城分队指挥员按照理解传达任务、组织工程侦察、分析判断情况、定下战斗(行动)决心、下达战斗(行动)命令、组织战斗(行动)协同和保障的程序进行战斗准备,但实际训练中指挥员往往只是向所属部队简单地明确任务、力量和器材分配;在构筑过程中,本来应该有严格的时限要求,本来应该设置指挥所遭敌炮火打击进行修复或转移等临机情况,但鉴于安全角度考虑,部分单位在训练过程中能"不折腾"就"不折腾";本来整个指挥所构筑过程,应该在构筑力量的条件约束下好好地进行任务规划,但为了确保任务能够顺利完成,少数单位会调动一切能够调动的力量去干一件事,将战时本应并行展开的其他任务完全置之不理。最终,本来具有战术背景与需要认真筹划的筑城分队行动"变形走样"成简单的工程施工。

对于一支军队来讲,没有技术就没有未来;对于作战来讲,技术决定战术,战术需要技术支撑。不深入了解和熟练掌握筑城专业技术,就谈不上筑城战术应用,更妄谈筑城战法创新;只有把筑城专业技术打磨尖锐,筑城分队行动才有保障,专业行动战法创新才有依托。从这个角度讲,如何重视筑城专业技术都不为过。所以,深耕潜研筑城专业技术本来无可厚非而且确属需要。但技术不等于战术,更不等于战斗力,有了技术、技术提升了,并不代表技术能够运用于作战和已经转化为作战效能。换句话讲,从技术创新到作战效能生成与发挥还有一段路要走,还需要经历技术物化、装备(技术手段)应用、作战运用这一过程。在这个过程中,战术训练是将技术融入作战行动中的重要一环。

"筑城专业技术手段和装备器材运用要物化为阵地工程,以及阵地工程要服务于作战效能生成的逻辑关系",决定筑城专业技术及其衍生的阵地工程必须融入作战体系。比如,筑城工事的抗力等级要根据筑城工事保障对象和可能遭受的火力打击威胁确定,不能拍脑袋;指挥工事的位置选择要便于指挥、便于机动、便于构筑,掩体的位置选择要便于观察射击、便于隐蔽、便于构筑,不能想在哪"挖"就在哪"挖";为减少暴露征候和火力毁伤,各个要素、要素之间的工事间隔与距离要满足疏散要求,不能过于集中;障碍物的种类、数量、大小、形状、设置道带、设置位置等要根据敌作战企图、阻止武器装备的性能和设障地域地形确定,不能不加选择、无的放矢;障碍物设置要遵循先主要方向后次要方向、先前沿后纵深、先防坦克后防步兵等基本原则,不能不分轻重缓急、眉毛胡子一把抓;工事构筑和障碍物设置的时机要与作战进程相一致、与作战行动相衔接,不能"你打你的,我干我的"(构筑太早容易暴露作战企图,构筑太晚无法满足防护或迟滞敌人的作战需求);工事和障碍物设计要在充分利用地形地物的基础上,不仅做到工事与工事之间、障碍物与障碍物之间、工事与障碍物之间相结合,而且做到工事构筑、障碍物设置与兵力配置、火力配系相结合,确保整个阵地互为支撑、自成体系、效能聚合,不能各行其是、相互掣肘、内部增熵。

这便意味着筑城绝对不是别人让干啥就干啥,指挥所构筑与维护、设置障碍场、构筑直升机起降场等所有筑城分队行动绝对不是单纯的专业技术施工,而是一个典型的作战(保障)行动,既需要战术,也需要指挥。

具体来看,筑城分队行动也需要理解上级意图、分析判断情况,也有兵力编成、战斗编组,也讲究行动方法。

从作战指挥流程看,同样可区分组织筹划和行动实施两个阶段。当上级(尤其是战役军团、战术兵团或者合成部队等)定下作战决心或下达作战命令时,作战决心和作战命令里明确任务的颗粒度可能还到不了筑城分队这个层次,这时筑城分队指挥员就需要根据上级命令或决心,理解本级任务;在理解本级任务的基础上,结合所属力量和装备器材,定下本级决心;依据本级决心和上级作战计划,制订本级行动计划;计划制订后,要组织协同推演,对战斗过程中可能出现的情况预研预判与提出处置建议;战斗实施过程中,对出现的突出情况进行临机处置。即所有筑城分队行动也有一个完整的指挥链路。

从兵力编成和战斗编组看,各类行动兵力编成大小通常由合成军队指挥员根据敌情、地形、任务和兵力装备情况确定。其中,指挥所构筑与维护行动,可以编为工事构筑分队、障碍设置分队、道路构筑分队、伪装分队、器材保障组、警戒组;障碍设置行动,可以编为指挥组、防步兵障碍物构设分队、防坦克障碍物构设分队、防空降障碍物构设分队、防登陆障碍物构设分队;直升机起降场构筑行动,可以编为指挥组、各区库作业组。即筑城专业力量使用也追求"1+1>2"的体系效果。

从行动方法上看,对于构筑与维护指挥所行动,当时间紧迫、工程设施数量较少的情况下,可以采取逐点顺序抢购作业;当工程设施数量多、配置地域广的情况下,为提高作业效率,可采取分区平行构筑。对于构筑直升机起降场行动,当兵力、装备、器材充足时,可采取平行作业;当兵力、装备、器材有限或地域狭小不便展开时,可采取顺序作业;当时间充足,为发挥专业特长和机械效能,提高工程质量,可采取流水作业。对于构筑障碍场的行动,战前可在预定作战地域预先构筑,战斗实施过程中可根据作战需要临机设障,在原有障碍物基础上进行临时设置和补充。一句话,筑城专业行动同样需要根据不同的战场情况采取不同的战法。

  正如并非世上所有的事物都是"非黑即白",看到事物的黑不代表事物没有白一样,任何一个领域,一个专业的建设、发展与实践运用,既需要技术创新,也需要方法创新,技术创新与方法创新并不冲突,两者可以而且需要合力并行。作为自然科学与社会科学的融合,包括筑城在内的所有军事行动说到底是人主观指导下的力量手段运用。作战效能发挥得如何既与力量手段本身有关,也与人的主观指导即作战力量运用的方法有关。在激发作战效能生成与发挥的过程中,既要重视提高作战力量手段的自身技术性能,也要注重力量手段运用方法与艺术。一句话,我们不能因为看到对筑城技术的重视,就认为筑城只是技术,只需要技术;我们要清醒地认知,筑城专业行动也是一种作战(保障)行动。

第二章 释疑：筑城问题知多少

军事爱好者尤其是军队人员对于筑城这个专业可能都有一定的了解，对炮台、要塞、碉堡，指挥所、地下掩蔽部、弹药库、交通壕、掩体、反坦克壕、铁丝网、障碍物等专业词汇也是耳熟能详。有些人可能不仅听过而且见过，不仅见过可能还动手挖过（单人掩体），有些人觉得简直熟悉得不能再熟悉了。但真的是这样吗？你真的如此自信了解筑城吗？永备筑城与野战筑城真的如此泾渭分明吗？堑壕、交通壕"二兄弟"有什么不同？成层式防护层比单层式防护层仅仅是多披了几层"马甲"吗？筑城障碍物和一般障碍物有啥区别？筑城和伪装之间有什么难舍难分的"爱恨情仇"？……这些不为人知的筑城秘密，你真的都知道吗？

本章为筑城认识论。

永备筑城还是野战筑城

筑城通常分为永备筑城和野战筑城。学过筑城专业的人,想必对于它们在书中的定义并不陌生,有些人甚至能够做到滚瓜烂熟、脱口而出。然而书上说的真的就是完全对的吗?永备筑城真的永远就只是永备筑城,野战筑城真的就永远只是野战筑城吗?永备筑城与野战筑城就等同于被动防御吗?马克思主义哲学告诉我们,这个世界上没有永远不变的东西,所有的事物都是随时随地发生着变化的。永备筑城与野战筑城之间的界限看似泾渭分明,但倘若仔细推敲一番,便会有不一样的发现。下面,就让我们一起来聊一聊永备筑城与野战筑城。

首先,什么是永备筑城?

从书中的定义来看,[①]永备筑城是指在预定坚守地区,用坚固耐久的材料预先构筑的有较完善设备的永久性阵地工程,是国防建设中不可或缺的重要方面,是有效遏制战争、保卫国家安全、维护世界和平的威慑力量。而阵地是指为遂行作战任务,部队、分队、单兵占领或准备占领并构有工事的位置。阵地上的筑城工事、工程障碍物以及有关工程设施统称为阵地工程。因此,从定义中我们不难得出,永备筑城是一项或者一系列的阵地工程,这个阵地工程为永久坚固的、设施完善的、固定地点的一系

---

① 中国人民解放军总参谋部军训和兵种部:《工程兵专业技术》,北京:解放军出版社,2006年,第437页。

列筑城工事和工程障碍物，其根本目的是服务于作战任务。边海防阵地工程、大型指挥防护工程、基地洞库特种工程和人防工程等大型的工程建筑几乎都是永备筑城。

比如，北美防空司令部夏延山地下指挥中心就是典型的永备筑城，被誉为世界上防备最森严的洞穴军事基地。该工程建造在一个巨大的山体内部，工程于1961年启动，历时5年建成并投入使用。主体由作战坑道、设备与供应坑道、口部系统3部分组成，坑道上被厚度达300米以上的花岗岩山体覆盖，指挥所下面有巨大的弹簧和橡胶垫用以减震，能抗击核弹头的直接命中。内部发电机、空调、油库、停车场、蓄水池、排风通道、餐厅、咖啡店等各种生活配套设施齐全，可供6 000人在核战争环境下生存数月。在我国，最著名的永备筑城工事自然是长城筑城体系，这项古老而庞大的工程从春秋一直延续至金明，绵延万里，几经修缮仍屹立不倒，是抵御冷兵器和弱火器的时代产物。虽然在拥有高精尖高威力打击武器的今天，已经渐渐失去了往昔的威严，但其所承载的历史意义已融入华夏的血脉之中，永不磨灭，经久不衰。

那什么是野战筑城呢？

野战筑城是指在战役、战斗准备和实施的过程中，根据工程保障的要求，利用和改造地形，使用就便器材和预制构件，迅速构筑的临时性阵地工程。[1] 从定义中不难看出，野战筑城发生

---

[1] 中国人民解放军总参谋部军训和兵种部：《工程兵专业技术》，北京：解放军出版社，2006年，第357页。

在战斗准备阶段和实施过程中,同样是为服务于作战需要而"建造"的,是临时突击构筑的筑城工事和工程障碍物。野战筑城的作用主要是为了提高部队在作战中的生存能力,保障军队更有效地运用武器和装备,不间断地观察、稳定指挥和隐蔽机动,阻滞和破坏敌人的行动,为军队顺利完成作战任务创造有利条件。

或许刚才我们这样说,还是有点抽象,那么举几个简单的例子来讲,我们经常在抗日战争影视剧里看到的"战壕""掩体",《地道战》里纵横交错的地道,战场上漏着尘土摇摇欲坠的简陋指挥所,横在马路中央的拒马,一道又一道带着棘刺的铁丝网……这些都是野战筑城。野战筑城可分为两个部分:野战筑城工事和野战筑城障碍物。野战筑城工事按照用途又可以分为射击工事、观察工事、掩蔽工事、堑交壕(交通工事);按照掩蔽方式又可分为露天工事和掩盖工事;按照抗力等级由低到高可分为:露天型、简易型、轻型、中型和重型,露天型一般只能防地面爆炸的碎片,重型则可防 155 毫米 M107 榴弹直接命中。野战筑城障碍物按照阻滞的对象(用途)分为防步兵筑城障碍物、防坦克筑城障碍物、防登陆筑城障碍物和防空(机)降筑城障碍物等。

同为筑城,永备筑城与野战筑城之间,存在着很明显的区别。

从使用年限来看,永备筑城所构筑的阵地工程为永久性工程,使用期限往往是 50 年甚至是 100 年以上;野战筑城则是临时性的工程,其使用期限往往是两年以下甚至更短。比如作为永备筑城的长城,至今已经数千年,而战场上的一个用作掩护的土坑,早已被炮弹、风雨等外力搞得面目全非。

从坚固程度来看,永备筑城是用坚固耐久的材料构筑的,如混凝土、钢材、水泥等高强材料,野战筑城则特别强调因地制宜,就地取材,所用材料为碎石、木材、泥土等,因而坚固程度远不及永备筑城。比如上文提到的夏延山地下指挥中心,其坚固程度可以抵抗核弹的直接命中,而战壕中的一个小小指挥所,一发小炮弹打来便有土崩瓦解的可能。

从战斗节点(构筑时机)来看,永备筑城是在预先设定的战斗地点,在战斗发生之前预先构筑起来的,即构筑的地点是固定的,构筑方案是固定的,战斗的发生是未知的。永备筑城构筑的时间是在战斗和可能发生的战斗之前,因其构筑所需的时间很长,往往是按年计算,所以这个"战斗之前"也是按年计算。比如:法国的马其诺防线,始建于1928年,而德国向法国发起进攻即战斗开始的时间是1940年,中间间隔了12年之久。野战筑城则是在战斗准备和实施阶段构筑,即在战斗之前和战斗之中。这里的"战斗之前"是可预计的、短暂的,往往是按小时计算,而战斗之中则说明野战筑城是相对动态的、变化的,构筑的地点和构筑方案都是可变的。

从体系规模来看,永备筑城相比于野战筑城规模要更大,有更加充分详细的规划论证,投入的时间和经济成本更高,工程体系更复杂、配套设施更完备,防护等级和安全性更高。比如马其诺防线建造花费50亿法郎,南北延续390多千米,永备工事多达 5 800 余个,钢筋混凝土平均厚度 3.5 米,深入地下数十米,背覆厚度上百米的岩石外壳,防线内部拥有各式大炮、壕沟、堡垒、厨房、发电站、医院、工厂等,通道四通八达,较大的工事中还有有轨电车通道;齐格菲防线则拥有 12 000 多座钢筋混凝土地堡,绵延 600 多千米的反坦克障碍物与秘密地下堡垒,35～75 千米的平均防御纵深,使用混凝土达 931 万吨、钢铁 35 万吨……野战筑城相对于永备筑城则显得更加灵活多变,工事数量不多、材料简易就便、经济成本低,构工更加快速便捷。

但与此同时,永备筑城与野战筑城之间还有一些共同点。

首先它们同为工程属性。在第一章的开头,我们已经知道了筑城的定义,筑城是为保障军队安全地进行射击、观察、指挥、隐蔽、机动和迟滞敌人行动构筑的阵地工程的统称。很显然,无论是永备筑城还是野战筑城,它们都位于筑城的框架体系中,都是一项或者一系列的阵地工程。一条坚固的地下坑道是工程,一个手工挖出的单人掩体同样也是工程。

无论是永备筑城还是野战筑城,其最终都是共同服务于战斗的。因为筑城本身就带有战争属性,没有战争,便谈不上筑城,永备筑城和野战筑城都是在战斗中或者准备战斗中构建的防护性的工程,它们为战斗而产生,因战斗而存在,为战斗而释能。

最后,它们有着共同的目的:保存自己,消灭敌人。无论是永备筑城还是野战筑城,其目的都是为了保护己方的人员、装备的安全,避免或者减小战斗损伤,另一方面就是依靠本身阻滞敌人的进攻脚步，同时为消灭对方争取准备时间。

　　永备筑城与野战筑城之间既有区别之处又有一些共同点，它们之间并非如同大家认为的那般泾渭分明，相反很多时候，我们很难对其进行确切的判断且很难将其孤立开来。甚至有些情况下，我们在看待它们的时候，还特别需要注意一些习惯性思维所带来的误区。

　　永备筑城和野战筑城，并不仅仅指防护防御。因为从定义中知道，筑城是阵地工程，而军事上阵地有防御阵地，也有进攻出发阵地、警戒阵地等，阵地是军队作战的依托，其最终的本质应归为作战属性。正如电视剧《潜伏》中的一句台词："有一种胜利叫撤退，有一种失败叫占领"一样，进攻与防守本就是辩证的、变化的以及可以相互转化的。就像矛与盾，人们通常认为，矛是用来进攻的，盾是用来防守的，然而一个强大而坚固的盾牌，难道就不能作为进攻的手段吗？当然不是。"有一种进攻叫防守，有一种防守叫进攻"。因此，野战筑城也好，永备筑城也罢，它们不仅仅可以用于防御作战，同样也可以用于进攻作战。我们不能只把永备筑城和野战筑城简单地当作防御的阵地工程，它们同样也是一种进攻的有力手段。

　　永备筑城与野战筑城之间的区别并不是绝对的。一个永备筑城工事并不一直都是永备筑城，很可能在特定的情况下变为野战筑城。同样，野战筑城也可以在特定的条件下变为永备筑城。对于永备筑城来讲，我们从定义中知道，永备筑城的特性为坚固、耐久、设施完善，是永久性的工程，但试想一下，倘若由于一些因素（比如时间、外力等）导致其失去了这些或者其中的某一种特性，那么它还可以称为永备筑城吗？

举个例子：A国边境的一处防卫要地，沿纵深方向有3座用钢筋混凝土新构筑的碉堡，用以占据并坚守该处两山之间的一条交通要道，防止邻国B未来可能发动的战略入侵，那么这3座碉堡就是典型的永备筑城工事。然而两年后，A、B两国关系日趋紧张，某日B国忽然发动战争，派出部队偷袭该要地，A国纵深前沿的一座碉堡瞬间被摧毁，其余2座有不同程度的损坏，那么此刻这3座碉堡还是永备筑城吗？显然不是，最起码纵深最前沿的那座不是，其余2座要根据受损程度来判定。因为在外力（敌人武器打击）作用下，被摧毁的碉堡丧失了坚固耐久的特性，失去了防护的效果，所以不能再称之为永备筑城。但假如此刻，A国驻防军队快速反应，派出一支小队深入前线，将这座被毁的碉堡当作临时掩体，并将周围散落的破碎构件、混凝土块石收集起来，用作障碍物设置在道路中央，延缓敌军进攻步伐，这时这座"碉堡"是永备筑城还是野战筑城呢？显然，无论是充当掩体还是障碍物，此时的工事都是在战斗实施阶段利用就便器材临时、迅速构筑的，因而它们是野战筑城。此时，永备筑城就转化为了野战筑城。

同样，野战筑城在经过一系列的补充和完善后，随着作战态势的转变，也可能变为永备筑城。我们继续这个例子：面对B国进攻越发猛烈，为补充和巩固阵地，达到坚守目的，A国驻防部队利用钢筋混凝土预制构件，快速在前线战场侧翼构筑了一系列的防御工事,用以侧翼打击,此时这些利用预制构件临时快速构筑起来的工事很显然判定为野战筑城。三日后,A国后方援军赶至,迅速击溃B国来犯之敌,不久两国休战,握手言和,A国发现这段阵地战略战役价值较高,便决定对其内部设备进行修固完善,用于防御未来可能发生的战争,此时这段阵地是永备筑城还是野战筑城?答案很显然,它满足了永备筑城的一切条件,此时野战筑城就转变为了永备筑城。通过这样简单的例子,我们不难得出,永备筑城与野战筑城之间并不是绝对的,而是相对的、动态的,随着外界因素的变化,永备筑城与野战筑城之间可以相互转化。

在筑城学中,永备筑城与野战筑城之间并不是相互孤立存在的,二者并非非此即彼、水火不容。事实上,一个完整完备、科学合理的阵地工程体系,应当不仅包含永备筑城,也应包含野战筑城,它们之间是相辅相成、互为补充的关系。在"一战"之后、"二战"之前,出现了一种叫做筑垒地域的名词。受第一次世界大战惨痛教训的影响,筑垒地域在各国相当普遍,目的是在于掩护国境和海岸地段、重要的战役战略方向、行政和政治中心、经济区及其他目标。《苏联军事百科全书》将其定义为:构筑有永备和野战工事,并与各种工程障碍物相结合构成筑垒配系的地域或地带。这种筑垒地域的基础是永备筑城工事构成的防御枢纽部,并在防御枢纽部的间隙之间,构筑野战工事,在工事前方适当距离配合以相应的筑城障碍物。"二战"时,苏联利用这种筑垒地域在防守列宁格勒、基辅等城市战斗中发挥了巨大作用。

苏联、法国、德国、芬兰和其他国家都在其国境线上构筑了类似的筑垒地域，如：马其诺防线、齐格菲防线、曼纳海姆防线等。由此看出，这种所谓的筑垒地域实际上就是一个完整完备、科学合理的阵地工程体系。这种体系，当今仍在使用。

总之，虽然传统的筑城学对永备筑城与野战筑城分别做出了明确的定义和区分，但我们不能将这两个概念太界限化，从而限制和固化了自身思维。相反，我们更需要将二者模糊化，往更深的层次去追求其本质意义。我们要打破二者之间的界限，将永备筑城与野战筑城融会贯通、融为一体，根据时局，恰如其分、审时度势地灵活运用，而不是照本宣科、教条式地死板套用。

野战筑城真的很Low吗

一直以来，很多人对于野战筑城都停留在浅显和片面的认识中，认为这不就是挖挖坑、埋埋土，搭几个简单的棚子，再拦几条路吗？没啥技术难度，有手就能做。甚至个别野战筑城专业的学员心中也有这样的念头，并且总觉得与现代战争中高大上的高科技高尖端技术相比，这太过于low（低级）了。然而，如果你真的这样想，那就大错特错了。

野战筑城虽然简单，但很有效。

无论是已经成为历史的过去，还是在信息化战争的今天，野战筑城在保存自身有生力量、阻滞和消灭敌人这一方面，都发挥了不可替代的作用。它立足于战争的最前端,是直面战火、直面敌人、直面枪口的先锋者,是保命最重要最直接的手段。就像一些民间的"土方法",它虽然很"土",但很有效。抗日战争中,面对日军先进的武器装备,中国的老百姓利用"地道"这个土办法,打起了地道战,歼灭了不少敌人。朝鲜战争期间,志愿军修筑的具有永备筑城属性的坑道工事固然发挥了极大的作用,但是殊不知,在这些坑道之间,正是有大量简简单单的交通壕、堑壕的连接,才能在机动上更加灵活,在纵深上大开大合,形成一个完备的防御阵地。海湾战争中,在高科技武器的进攻下,在连番的空中打击下,伊拉克军队之所以还能保存一半以上的战斗力,靠的正是大家认为很"low"的野战工事。再看今天,俄乌冲突中,两军前线依然还是有大量的构筑堑壕、交通壕、单人掩体、人员掩蔽部等野战筑城工事,并且战争实践表明,在战场上这些工事依然在保存自己、消灭敌人上发挥了重大作用。

　　试想一下,你在喧嚣的战火中穿行,子弹擦着头皮而过,差一厘米就要命中你的脑袋,你东躲西藏,惶恐不安,仿佛下一刻你的生命就将终结在这里。这时你看到不远处有一个小小的圆坑,边缘规则整齐、深度恰到好处,你如抓住救命稻草一般毫不犹豫地跳了下去,于是你安全了。待你稳住心神仔细看时才发现,原来这是一个立射单人掩体。这个时候,你还觉得野战筑城"low"吗?发动机的轰鸣声有如雷鸣,一架又一架战斗机从你头顶飞过,炮弹航弹如雨般落下,炸平了一个又一个山头,炸飞了一个又一个战友。你所在的班躲在一个地下的掩蔽部中,虽然这个掩蔽部看起来很简陋，空间狭小，还有一股闷热的霉味，所用的材质既不是钢板也不是混凝土，就是临时砍来的木头，但此刻，它却成了仅有的依靠，承受住了一次又一次炮弹的轰击，它是那么的摇摇欲坠，却始终没有倒塌，就像你此刻的信念。这个时候，你还觉得野战筑城"low"吗？敌人的进攻很猛烈，坦克、装甲车如钢铁洪流一般朝着你滚滚而来，最前方那辆坦克的炮口像是巨人的大口一般近在咫尺，仿佛要将你吞噬。敌众我寡怎么办？敌人的坦克太多怎么办？要坚守48小时的高地不能退，但弹尽粮绝、身边的兄弟们疲惫不堪、伤亡严重，作为排长的你怎么办？你本已绝望，这时突然发现，敌人的坦克不动了，有的甚至直接趴了窝，原来是前几日挖掘的反坦克壕起了作用，成功阻止了坦克和装甲车的脚步。这个时候，你还觉得野战筑城"low"吗？

只有亲身经历过战争的人，才会发现平时看来不起眼的野战筑城究竟有多么重要；只有经历过死亡的人，才能明白一个小小的单人掩体在战场上的意义。无论作战样式怎样改变，陆战是决定战局的最后战场。只要如此，野战筑城就依然会发挥出巨大的作用。一句话，它是简单，但并不"low"。

野战筑城看似简单，实则复杂。

诚然，野战筑城干的的的确确就是这么点事儿，但是"世事洞明皆学问"，行行都有自己的门道，再浅显的东西，也有值得深挖的地方。仅以掩体为例，一个看起来毫不起眼的掩体，按照其功能属性不同，就可以分为单人掩体、机枪掩体、火箭筒掩体、火炮掩体、导弹掩体和坦克掩体等。而其中一个单人掩体又可以区分为卧射掩体、跪射掩体、立射掩体和带射击踏跺单人掩体。每一种掩体的尺寸都是根据其所要保障的人员和装备的体型尺寸并综合考虑活动空间、环境、火力、作战效能等条件进行科学合理设计的。掩体的方向也大有讲究,除了考虑进攻方向或来敌方向之外,还要考虑战斗员射击的惯用姿势,所以通常与进攻方向或来敌方向之间有一个夹角,这一夹角一般在 $15°\sim30°$ 之间,根据每个人不同的习惯特点而灵活设计。火炮掩体由于体型较大、操作手数量多等特点,要考虑武器的机动出入、人员的掩蔽以及弹药的存放等,因此还要设计相应的出入口、避弹所和弹药崖孔,其数量和尺寸又有相应的讲究。另外,其所在的位置如何选择也非常讲究。既不能距离敌人太近,那样比较危险,不利于防守,也不能距离太远,那样武器射程不够;既不能选择过于开阔的地方,那样容易暴露在敌方的侦查打击之下,也不能选择太过闭塞的地方,那样不利于观察敌情和人员机动……这只是单个掩体的构设,

在战场上,不可能只有一个掩体,掩体与掩体之间如何布设也是极为复杂的事情。一个掩体与另一个掩体之间的相对位置不能太近,那样容易被一发炮弹同时命中,也不能相距太远,那样无法形成连续的火力网;多个掩体之间要考虑彼此相互联通相互支援,形成一条防线,完成火力封锁,不能有防守的漏洞……

这仅仅是掩体,野战筑城还有交通壕、堑壕、掩蔽部、指挥

所、弹药库、观察所、障碍物等，以及它们之间的组合联系，每一个都无比复杂。比如：屋顶型铁丝网桩与桩之间的间距是多少，为什么这样设计？铁丝网钉子的朝向是向敌一侧还是背敌一侧？壕沟的尺寸如何确定？地下防水如何去做？设置障碍物有哪些门道？如何规划设计一个营域的野战阵地？一个集团军的野战指挥所怎么去构筑？如何在短时间内构筑指挥所？山地丛林中的野战筑城工事如何构筑，与戈壁沙漠、高原高寒环境下的构筑有什么区别……这些，都是学问，都有相应的技巧，都是一代又一代筑城人长期研究与战争实践总结出来的。没有搞过筑城的人肯定不知道其中的门道，定然也无法知晓一个微小的改变会对防护的效果产生巨大影响，而这种影响关乎战士的生死，关乎战争的胜败，关乎国家的存亡。

野战筑城看起来简单，实际上更难。

它难就难在，要用最简单的材料、最便捷的方法、最少的人力，来实现人员装备安全的最大化。它不像永备筑城那样，实在不行可以多用钢筋混凝土，上强度、斥巨资、注人力，所有能用的防护手段堆叠在一起。它不能这么做，因为条件不允许，它只能不断地去做减法、做优化。简言之，野战筑城最大的特点和优势，就是要以最小的代价，给予自身最大的安全，同时给敌人造成最大的阻碍，这是它永不过时、永不会淘汰的安身立命之所在。它难就难在，它不是算术题，没有标准答案。它构筑的位置要因地制宜，它构筑的材料要就便选取，它构筑的方法要灵活多变，它构筑的时机要恰到好处，它构筑的设计要科学合理。对于以上要求,即使是经验丰富、知识渊博的野战筑城专业研究者或从业者都很难做得到,因为这不仅需要丰富的知识和经验储备,还需要活学活用,要结合现实的地形条件、战场环境、战术等因素具体问题具体分析,甚至还要有那么一点点画龙点睛、化腐朽为神奇的天赋才行。这就像我们读了很多书,写了很多字,依旧很难写出妙笔生花、拍案叫绝的文章一样;就像相声艺人背了很多贯口,唱了很多小曲,依旧难以在舞台上游刃有余、云淡风轻一样。野战筑城的规划与构筑,法无定法。

野战筑城并不"low",它是一门庞大而复杂、实用而有效的学科。可以说,野战筑城今天不会过时,将来也不会。无论是将军还是列兵,每一位军人,每一个准备上战场的人,都应该好好学习和掌握野战筑城技术。

怎么区分堑壕和交通壕

对于堑壕和交通壕,我们常常会简单地统称为堑交壕。二者都是壕沟类的工事,断面形状和尺寸包括某些用途都很相似,所以往往会很容易搞混淆,往往认为二者说的是同一个东西,但其实它们是有区别的。

堑壕是供人员射击、观察、隐蔽和机动的壕沟式工事,壕内通常有射击、观察、隐蔽、排水、路标和进出口等设备;交通壕是供人员隐蔽机动、前送后运和连接其他工事用的壕沟式交通工事,①根据需要在壕内构筑和设置一定的掩蔽、射击、进出口、待避、路标、排水设施等。从定义中可以看出,二者虽然都是相互连通隐蔽机动的沟壕类工事,但是侧重点不同。堑壕侧重于观察和射击,交通壕侧重于联通和运送。

因为侧重点不同,二者在构筑的时候是有所区别的。比如,在进行选址的时候,堑壕应当根据战斗任务和地形条件,选择在视界、射界很好,便于交通联络和隐蔽伪装的地段上,以便保障能在壕前组织侧射、斜射和交叉火力。选址时要遵循四个"便于":便于观察射击、便于隐蔽伪装、便于机动、便于构筑。通常设置在山地、丘陵地前斜面的山脚、山腰和顶界线附近,平坦地势的河堤、沟渠和田埂等有利地形。交通壕在符合战术要求的前提下,是巧妙地利用山沟、谷地、山坡反斜面、沟渠、丛林以及高农作物等,并避开难以挖掘的地段,尽量选择在较短的线路上构筑,以减少工程作业量。在线性尺寸的规划上,堑壕尺寸略小,交通壕略大,是"枝"与"干"的关系。交通壕是整个野战阵地工程的联通纽带,它连接着射击工事、观察工事、掩蔽工事,确保这些工事之间彼此联系,而工事与工事之间存在一定距离,战场上的野战阵地工程往往幅员几千米甚至几十千米,因而交通壕的线性尺寸也是按照千米计算的。与之相比,堑壕则是连接交通壕与射击工事、观察工事等的一段沟壕,便于战斗人员迅速转移至交通壕进而再进行机动,因而其距离不会太长。此外,交通

---

① 中国人民解放军总参谋部军训部:《野战筑城技术》(上册),北京:解放军出版社,2014年,第131页。

壕四通八达,同一位置可能有许多接口岔路,堑壕则往往比较单一。如果把交通壕比作大树的主干的话,堑壕则是支干。在构筑的设备上,堑交壕在战斗的过程中会不断地加强和改善,但堑壕所在的位置更多的是构筑与射击、观察相关的射孔、单人掩体、机枪掩体、崖孔等,而交通壕则更多的是构筑进出口、待避、路标、排水等设备。因此,堑壕和交通壕虽然看起来很相似,但实际上还是有很大的区别。

明白了堑交壕的区别之后,堑壕、交通壕与人员掩体又是什么关系呢?从平断面尺寸看,堑壕、交通壕的断面尺寸与人员跪射掩体、立射掩体是一致的;从出现时间看,先出现掩体,后出现堑壕交通壕,堑壕交通壕是由散兵坑演化过来的;从功能上看,掩体是为了观察、射击和隐蔽,堑壕交通壕不仅能够保障观察、射击、隐蔽,而且可以保障安全机动,此外还具有生活设备设施;从作战时效看,掩体主要是短暂临时使用,而堑壕交通壕由于带有物资弹药存储、战场救护、战场生存设施,相对来讲可以长期使用。但是,从本质上讲,堑壕交通壕是将掩体这一点状阵地向线状阵地、面状阵地的拓展。

讲到这里,可能有的人会问,既然堑壕交通壕从功能和作战时效上比掩体都要好,我们全部都挖成堑交壕不就行了?还有必要要掩体吗?堑壕、交通壕虽然比掩体功能完善,但工程量也非常大,是掩体工程量的十几倍、几十倍甚至上百倍,另外暴露征候也多,容易被敌发现。在非主要作战方向和交战地域,尤其是兵力部署密度不大,地形条件不便构工时,通过简便构设单人掩体反而可以达到隐蔽自己、出奇制胜的效果。所以,战场上掩体、堑壕、交通上可以同时并存、互为补充。那么,可能又有人问,堑壕、交通壕的平断面尺寸为什么以人员掩体而不是以坦克和装甲车辆为标准设计?这是因为:杀伤人员的武器装备主要是轻型直瞄武器和炮弹爆炸后产生的碎片、冲击波,堑壕、交通壕这类露天型野战工事可以达到这种防护效果,而步枪、机枪等轻型直瞄武器和炮弹爆炸后产生的碎片、冲击波等对坦克、装甲车辆根本造成不了致命性伤害,杀伤坦克和装甲车辆的武器装备主要是反坦克导弹、加农榴弹炮、直升机、精确制导武器等中重型直瞄和间瞄武器,堑壕、交通壕这类露天型野战工事的防护等级根本抵挡不了直接命中。如果按照坦克和装甲车辆尺寸标准构筑堑壕、交通壕,工程量太大,如果只构筑有限的几条机动通道,会大大限制了坦克车辆的机动性能,使其成为被敌打击的"活靶子"。

谈堑壕、交通壕,就不得不提及与之密切相关的掩盖地段和掩壕。

掩盖地段构筑在堑壕、交通壕受敌纵射火力威胁的暴露地段,因而从本质上讲,掩盖地段是交通壕或者堑壕中的某一段,是堑壕、交通壕的特殊形式。通常情况下,堑壕、交通壕是露天的,但在一些易暴露的敌方火力较大的区域,需要在其上部遮盖,从而减少暴露征候,躲避敌方打击。因为是在掩盖的情况下,要使人正常通行,所以掩盖地段的交通壕减深要更大一些,净高应保持在人的身高,掩盖顶部需要有一定的承载力,可供人员从上部通行,壕内两侧通常用木板或木桩进行被覆。另外,掩盖地段应断续布设。这是因为连续的掩盖地段不仅会增加工程量,而且更不利于战时人员快速机动通行,间隔设置则是在保证人员掩蔽安全的同时,尽可能地减少作业量,又能方便人员快速通过。

  掩壕通常构筑在掩体的近旁或者堑交壕的一侧,分为露天和掩盖两种。露天掩壕是在时间紧迫或者材料缺乏的情况下,为保障人员迅速隐蔽而构筑;掩盖掩壕是在时间充裕的情况下,为提高防护能力,由露天掩壕改造而成,或一开始就构筑成掩盖式。严格意义上来说,掩壕既不属于堑交壕,也不属于掩体,但是它同时具有掩体和堑交壕的特性,即既有"掩"的特性,也有"壕"特性。它的纵断面尺寸像是堑交壕,呈倒梯形,但是比堑交壕和掩盖地段还要深一些。横断面尺寸为"L"形,一端连接着堑交壕,在堑交壕遭受敌方火力打击下,便于人员快速就近进入隐蔽,另一端通常为封闭状态。这种"L"形的设计可以有效阻隔来自堑交壕内的炮弹的冲击,使其四面都起到很好掩护效果。

  综合所述,交通壕、堑壕、掩体、掩壕、掩盖地段都有相似的纵断面形状,尺寸也十分接近,但是它们都有着各自不同的功能,因为这些功能的不同,造成了它们之间一定的差异。交通壕最主要的作用是隐蔽机动、前送后运,它需要与阵地中的各种工事或单元联通,如保护指挥机构安全的指挥所,保护车辆安全的车辆掩蔽所,用于发扬火力的各种掩体、堑壕等。因而它的幅员最广,贯穿整个阵地,联通各个环节,其长度是按照千米计的,它是阵地工程的脉络。堑壕的作用是依靠交通壕机动特性,在阵地最前沿承载保障武器火力发扬的掩体的载体,同时也是一个又一个子阵地的载体,因此它是断续的,连贯性没有交通壕强,幅员没有交通壕广。

掩体的作用是充分发扬火力,可以作为一个独立的战斗单元而存在,但是为了加强掩体与掩体之间的联系,便于相互支援、疏散撤退,两个掩体之间通过沟壕相连接,这个沟壕就是后来的堑壕。因而掩体在战场上优先构筑,其后才是堑壕、交通壕。掩盖地段本质上是交通壕,只是交通壕幅员太广,总有一些容易暴露在敌人侦查打击的范围内,因而其上部需要进行一定的掩盖和伪装,同时还可以起到一定的防护作用,便于通行人员临时躲避,但其交通壕的属性和功能没有改变。掩壕则是堑交壕与掩体的综合体,外形像是堑交壕,但却是人员掩蔽的场所,它既不是堑交壕,也不是掩体,它本身只是起掩蔽的作用,没有机动和发扬火力的功能。

掩体、掩蔽所、掩蔽部、掩蔽工事是啥关系

掩体、掩蔽所、掩蔽部、掩蔽工事是野战筑城学中的几个专业词汇,学过的没学过的人单看名字或许都能明白个大概,这几个词都带一个"掩"字,后面三个词更是都有"掩蔽"两个字,那大体就是掩护、躲避、庇护场所的意思吧,这样理解没毛病。对于

一般人或者军事爱好者来说,学习野战筑城知识,浅尝辄止,未尝不可;但对于一名军人,特别是从事野战筑城专业工作的这类军人来说,若也只停留在这种模糊的认识上,那就太不应该了。

那么话说回来,掩体、掩蔽所、掩蔽部、掩蔽工事它们到底是啥意思?它们之间究竟有啥关系?我们先来解释一下这几个词汇。

什么是掩体?掩体是指保障作战人员安全、隐蔽地射击,观察和操作技术装备用的露天工事。[①] 根据使用对象不同,可分为单人掩体、火箭筒掩体、机枪掩体、坦克掩体、火炮掩体、导弹掩体等。由于掩体结构简单、构筑迅速,而且对常规武器和核武器均具有一定的防护作用,因此是战时最常用的阵地防护工程之一。即便在现代战争中,通过加强各种掩体的构筑,仍然可以大大地降低敌侦察、杀伤和破坏效果,从而有效地保存自己。这一点,在近几年发生的战争和冲突中有很多例证。

什么是掩蔽所?掩蔽所是用于掩护机械、车辆、弹药、物资等不受或少受敌火破坏的掩蔽工事。[②] 包括:机械车辆掩蔽所、油料掩蔽所、弹药掩蔽所、雷达掩蔽所、指挥方舱掩蔽所。

什么是掩蔽部?掩蔽部是一个空间较大、强度较高、设备较完善,供人员工作和休息用的掩蔽工事。[③] 其作用是供人员工

[①] 中国人民解放军总参谋部军训部:《野战筑城技术》(上册),北京:解放军出版社,2014年,第92页。
[②] 中国人民解放军总参谋部军训部:《野战筑城技术》(上册),北京:解放军出版社,2014年,第272页。
[③] 中国人民解放军总参谋部军训部:《野战筑城技术》(上册),北京:解放军出版社,2014年,第205页。

作和休息，保障作战指挥和有生力量的安全，掩护指战员不受或少受敌火力杀伤，提高部队战场生存力。

什么是掩蔽工事？掩蔽工事是指供人员、武器、车辆、弹药、物资、器材隐蔽用的工事，其作用主要是为了保障战斗指挥和有生力量的安全，掩护装备和物资等少受或者不受敌人火力破坏。它包括人员用的掩蔽部、避弹所和短洞工事，及机械、车辆、弹药、物资用的掩蔽所。

从定义来看，掩体是一种露天工事。掩体的作用不仅是为了确保作战部队安全和隐蔽，还要确保武器装备的安全和隐蔽，与此同时还要确保人员能够在其中方便地进行射击、观察和操作武器装备。因此，它是一个三者兼顾的工作平台，即"保人、保物、保战斗"。这种特点对于大型火炮掩体尤为明显。例如一个130毫米火箭炮掩体，由炮床、出入口、弹药崖孔、人员掩蔽工事和车辆掩蔽所等组成。充足的空间便于武器发扬火力，同时里面的掩蔽工事、车辆掩蔽所、弹药崖孔等又保护了人员和装备的安全。但要明确一点，其首要"保"的是战斗，无论是保人还是保物，其目的是为了更好地去服务战斗，所以它的侧重点是发扬火力，因而战斗属性更强烈。相对来讲，它对人和装备的防护能力要弱很多，故而防护等级不是很高。掩体的尺寸通常取决于掩体中的人或者装备，对于单人掩体或机枪掩体来说，其尺寸相对较小，因为只需要容纳一到两人和一到两挺机枪即可；但对于坦克掩体或火炮掩体来说，其尺寸就大了。譬如上面提到的130毫米火箭炮掩体，其长度可到十几米。所以，对于火箭炮、迫击炮等掩体,虽然也叫做掩体,实则是一个大的概念,它更像是一个围绕火炮为中心的小型阵地,涵盖各种要素,包括人员掩蔽工事、车辆掩蔽所、弹药崖孔、出入口等。

  掩蔽所保护的是"物",即保护的是武器、车辆、弹药、物资、油料等。基于这个考虑,它的防护能力要比掩体高,所选用的支撑与防护材料有一定的强度要求,并且开挖的深度比掩体要更深一些,构筑的形式既有露天型又有掩盖型。露天型掩蔽所主要是机械和车辆掩蔽所。其选择的位置通常在反斜面、谷地和树林等隐蔽性良好、进出方便的地形上,便于车辆机动;这种掩蔽所由出入口和平底坑两部分组成,各部分的尺寸设计取决于车辆的种类,以能将其完全掩蔽为准,长度和宽度都略大于车长或车宽,减深约为车高减去积土高度,出入口通常设一个,必要时可设两个。掩盖型掩蔽所主要是弹药掩蔽所、油料掩蔽所等,由于武器装备或弹药物资的体积较大,存放的数量通常较多,故而掩蔽所的尺寸相比于一般的单人掩体、机枪掩体普遍要大得多。对于油料库、弹药库这样的掩蔽所,出入口的设计要便于油料或者弹药的搬运,同时还要求具有一定的防火、防潮的能力,以免造成弹药和油料损失。

  掩蔽部通常是掩盖工事,只保"人",但与掩体的保护"人"不同,掩蔽部通常是保护成建制的人,比如一个班、一个排或者一个连部。与掩蔽所相同,掩蔽部的防护强度要求更高一些,有可靠的防护结构保护,还有成套的内部设施。掩蔽部的防护结构由支撑结构和防护层组成。支撑结构是掩蔽部地下空间的支撑,主要承受炮弹爆炸产生的荷载和上部防护层的总重量、侧面土压力，主要结构形式有：方木人字形结构、圆木密接框架结构、轻型钢丝网水泥矩形框架结构、波纹钢直墙半圆拱形结构以及装配式结构等。其中装配式人员掩蔽部通常采取板式单元构件通过连接件和础材装配而成，模块化、易组装，可实现工事快速构筑。在作战进程缩短、作战节奏加快的现代战争中，对野战工事快速构建、机动防护的要求越来越高，这种装配式结构的掩蔽部更加贴合实战，满足战场需求，是野战筑城工事研究和发展的方向之一。

防护层在支撑结构上部，主要用来帮助工事结构抵抗上方敌人炮弹侵彻杀伤，可分为单层式防护层和成层式防护层两种，一般采用土、石、混凝土、钢板或几种的组合材料，防护性能强，从而保障作战指挥和有生力量的安全，掩护指战员不受或少受敌火力杀伤，提高部队战场生存力。除了满足基本的强度和空间尺寸外，掩蔽部同时还要为人员提供工作和休息的场所，因而对其里面的配套设施有一定的要求，如防冲击波设备、消波装置、防毒设备和工作生活设备等。

如果把筑城工事按照"战斗""生存""机动"三种属性来定性评价的话，掩体因为要确保发扬火力，因而"战斗"属性更强烈一些，故掩体又叫做射击工事。掩蔽所和掩蔽部所代表的掩蔽工事则更偏向于"生存"属性，主要是保障人和物不受和少受损伤，特别是掩蔽部，是供人员工作和休息的地方，其"生存"属性就显得极为明显。提到这里，我们进而可以把野战筑城工事的四大类：射击工事、观察工事、掩蔽工事、堑交壕，按照"战斗属性"

"监控属性""生存属性""机动属性"进行划类归属：射击工事是"战斗"属性，观察工事是"监控"属性，掩蔽工事是"生存"属性，堑交壕是"机动"属性。当然，作为野战筑城工事，四者多少都具备"生存"和"战斗"属性。

综上所述，虽然掩体属于露天工事，掩蔽部和掩蔽所都属于掩蔽工事，且三者之间有着较为明显的区别，但这并不是绝对的。有时候掩体也可以是掩盖的，比如机枪掩体，也可采取掩盖的形式；车辆的掩蔽所既可以采用露天的形式，也可以采用掩盖的形式，若是时间允许，甚至可以采用全地下构工的方式。掩体、掩蔽所、掩蔽部都有一个"掩"字，这也说明它们在功能上的一致性，这种一致性也表明了三者之间的不可过度分割性。一个掩体足够大，车辆装备开进去，它就是车辆的掩蔽所；一个车辆的掩蔽所再大，两个战士扛着一挺重机枪在那里进行作战，它就是掩体；一个人员掩蔽部埋得再深，车辆躲了进去，它就是掩蔽所。一句话，掩体、掩蔽所、掩蔽部，最终都是在为掩蔽对象发挥战斗功能服务的。

单层式防护层与成层式防护层的真正区别

提到掩蔽工事就离不开防护层的概念，掩蔽工事之所以能够在战场上保护人和物的安全，最重要也是最关键的部分就是防护层的设置。

防护层是地下掩蔽工事空间结构上部的一层或多层防护结构。它是掩蔽工事的铠甲,用以抵抗炮弹的杀伤,迫使炮弹在它的表面或者中间爆炸,削弱武器的综合杀伤作用,从而保证工事结构和工事内部人、物的安全。一般来说,根据结构和使用的材料,防护层可分为单层式和成层式两种。

单层式防护层是由单一材料构成的,主要用以抵御瞬发引信的榴弹和迫击炮弹的爆炸破坏作用。通常采用开挖出的土回填,其特点是施工简单,取材容易。底部铺设油毡、捣实黏土或其他防水材料,用以构成隔离层;表面以原地面表层土或草皮伪装,构成伪装层。缺点是防炮弹侵彻能力差,一般适用于中型以下工事,比如机枪工事、观察工事等。

成层式防护层是由两种以上不同材料构成,各层作用不同。从上到下,有伪装层、遮弹层、分散层、隔离层。伪装层主要起伪装作用,同时也能削弱炮弹的冲击作用和减少弹片飞散,通常由表层土或草皮构成。当然也可以采用伪装网或者树枝来进行伪装,但是就伪装效果而言,自然是用原位原状的土层草皮来伪装才显得更为真实。因此,当我们在构筑掩蔽工事土方开挖时,应先将其上部一定厚度的土层连带草皮一起铲起,妥善保存;待工事构筑完毕后,再移回原位。在这个过程中,草皮因有一定厚度的土壤的保护,故而不会失水致死或打蔫变色,依然与周围的其他草丛无差别,从而起到有效伪装的作用。

遮弹层的作用是抵抗炮弹、航弹的侵彻破坏,通常用块石、钢轨、钢筋混凝土构件、防弹板等坚硬材料构成。从理论上讲,遮弹层越厚覆盖工事的面积越大,工事就越安全。但在野战条件下,由于构工时间、材料等条件的限制,不可能任意地加厚加长遮弹层。而且使用过多的人力和物力去加厚加长遮弹层,以提高某个或某几个工事的抗力,整个阵地防护能力并不一定有明显提高,甚至可能降低。另外,为防止炮航弹从四周侵入而破坏工事,遮弹层可以向四周延伸一定长度。

分散层的作用是将炮航弹的爆炸荷载较均匀地分散到支撑结构上,从而改善结构构件的受力性,避免出现集中受力的情况,提高安全程度。通常用开挖平底坑的土构成,为增强防护层的卸载能力,也可在遮弹层下面或分散层中间增设一道由稻草把、束柴捆材料构成的弹性层。

隔离层也是由捣实黏土、三七灰土、油毡等起隔离作用的材料构成,主要作用是防止雨水和有毒气体进入工事内。

通过简单的介绍,相信大家对于二者的区别已经有了一些自己的看法,比如:单层式防护层顾名思义,只有一层防护,而成层式防护层有很多层防护,或者成层式防护层选用的材料相对比较坚固、层数多,因而防护能力更强等。诚然,大家想的这些并没有错,但是不够准确,也缺乏一些深入的思考。

首先要纠正的一点是,单层式与成层式的区别不是单层式防护层只有一层,它最上面也有伪装层、最下面也可以设置隔离层。两者的真正不同是成层式防护层将中间的部分分为遮弹层和分散层,遮弹层的作用是抵抗炮弹、航弹的侵彻破坏,分散层的作用是将炮航弹的爆炸荷载较均匀地分散到支撑结构上。单层式防护层没有真正意义上的遮弹层和分散层,只是一层用开挖平底坑的土填实的填土层。这一层土是单层式防护层最主要的防护手段,所以称之为单层式防护层。同时这也是"单层"与"成层"的真正区别。

其次,单层式的防护强度不一定就弱于成层式。一般来说,成层式防护层抗炮、航弹的侵彻破坏作用强于单层式防护层,因为成层式防护层防护层数更多,且遮弹层材质一般较为坚硬,可有效阻止炮弹侵彻,分散层可有效缓冲遮弹层传递的冲击力量;单层式没有遮弹层与分散层,故而难以抵挡炮弹的侵彻。但防护等级的强弱并非主要取决于防护层的层数,而是取决于防护层选择的材料和防护层的厚度。假如在同等防护厚度下,单层式防护层选择的防护材料强度远大于成层式防护层遮弹层的强度,那么其防护等级与强度必然大于成层式防护层;单层式防护层选取材料强度虽然不如成层式遮弹层的材料,但假如其厚度足够,整体的防护强度不见得弱于成层式防护层。因此,防护能力的强弱取决于防护层的厚度和材质强度,而不是层数,我们要摆脱惯性的误区,不能片面地认为单层式防护层防护能力一定就弱于成层式防护层。

最后,是关于防护层的顺序问题。我们说防护层自上而下分别是伪装层、遮弹层、分散层和隔离层,这是通常的做法。但随着筑城防护技术的发展,这种做法逐渐地被打破。受坦克的爆炸反应装甲防弹原理的启发,20世纪90年代初以来,很多国家相继研制成功了不同规格和不同用途的反应式遮弹层。传统的遮弹层是靠材料的物理力学性质（如材料密度、硬度、强度和韧性等）和数量来逐渐削弱武器的能量，最终阻止弹丸侵彻，它属于被动防护范畴。但这种反应式遮弹层改变了以往遮弹层被动防御的特点，采取"主动出击"的策略，提早迎接敌方炮弹，从而保护下方的目标。①

与传统的遮弹层相比，反应式遮弹层具有以下优点：一是防弹可靠。反应式遮弹层主要是对重要军事目标实施有效保护，突破了以往单靠材料的强度和硬度阻止炸弹侵彻的传统防护方法，通过起爆装置直接引爆触及遮弹层的来袭武器，提高工程的生存能力，起爆成功率高。二是铺设撤收速度快。反应式遮弹层是一套防护器材，主要由传感网、聚能装药架和起爆装置等部分组成，器材的重量轻，便于装卸运输，便于人工搬运、设置、组装和检测，敷设撤收方便易行。三是不需要增加编制。由于器材结构比较简单，设备重量较轻，起爆装置的安全程度较高，探测系统各部件设有专用接口，其布设只需一些简单的测试仪器，因此硬件部分的操作与维护容易保证。软件部分各程序实现了模块化设计，且大部分程序已经固化在了硬件里，只需经过简单培训即可胜任。基于反应式遮弹层的主动防护特性，它需要放在工事的最顶端，也就是防护层的最上层。通常反应式遮弹层的表面被涂成绿色或黄褐色，与周边的草地或土壤融为

---

① 张宗堂，庞国昌：《聚能装药在反应式遮弹层中的应用》[C]，《中国土木工程学会防护工程学会第六次学术年会论文集》，北京：中国土木工程学会，1998：740—744。

一体,实现伪装与防护一体化,因此它的伪装层与遮弹层实际上是一层。当然,这种主动型的遮弹层只能使敌人炮弹提早引爆,对于爆炸产生的冲击波还需要"传统"防护层来进行防护,因此其下依然要设置相应的遮弹层和分散层。

那么问题来了,假如我们将这种反应式遮弹层放置在单层式防护层的上部,请问此时的防护层是什么形式?是单层式还是成层式呢?

这是一个开放性新的问题,答案有很多,比如有的人可能认为依然是单层式,因为单层式防护层与成层式防护层的叫法是基于被动防护层的,这种主动式的遮弹层更像是一种防护器材,与我们传统意义上的防护层是两个概念,不能相提并论,应分别看待;有的人可能认为在单层式的防护层上方加上反应式遮弹层,就等于多了一层防护结构,那么应该属于成层式遮弹层;还有人可能会说,随着筑城技术的不断发展,有些说法难免会过时,这种情况下已经不能用单层式或者成层式来定义了,需要造出一个新的概念……无论是哪一种答案,都有其道理。

筑城障碍物是啥,现在还有啥用?

提起障碍物,大家都不陌生,能够阻挡人、车正常通行的物体都是障碍物。军事领域的障碍物是指能阻止、迟滞军队行动的物体。显然军事领域指的障碍物又与我们日常生活中的意义有所区别。

军事上障碍物可分为天然障碍物和人工障碍物。所谓天然障碍物,顾名思义是指天然存在的、能够阻止、迟滞军队行动的地形、地物、地貌等。比如山、谷、河、冰、雪、沼泽……人工障碍物是指人工构筑或设置的,对军队起阻碍作用的障碍物。它包括爆炸性障碍物和非爆炸性障碍物。爆炸性障碍物,是指以爆炸威力杀伤敌人,破坏技术兵器的障碍物,比如大家都熟悉的地雷、水雷等;非爆炸性障碍物,是指不以爆炸威力来阻滞和杀伤敌人的障碍物,它包括火障、电障和通过改造地形、设置构筑物等手段形成的非爆炸性障碍物——筑城障碍物。

从这个角度看,筑城障碍物首先属于非爆炸性障碍物;其次无论是改造地形、还是设置构筑物,都必须经过人工作业,包含人的劳动,即属于人工障碍物。过去通常按照用途将筑城障碍物分为防步兵筑城障碍物、防坦克筑城障碍物、防空降筑城障碍物、防登陆筑城障碍物。防步兵筑城障碍物是能够对人员起阻止、迟滞或杀伤作用的障碍物,如铁丝网、拒马、陷阱等;防坦克筑城障碍物是能够对坦克和其他车辆起阻止、迟滞或毁伤作用的筑城障碍物,如防坦克壕、防坦克三角锥、桩砦等;防登陆筑城障碍物是设置在近岸水中、水际滩头和岸上,用于阻止、迟滞登陆工具和登陆人员的筑城障碍物,如轨条砦、浮游拦障等;防空降筑城障碍物包括用于阻止、迟滞空降兵着陆及着陆后行动的防空降筑城障碍物和用于阻滞、毁伤低空与超低空飞行目标的防低空、超低空筑城障碍物,如桩砦、沟壕、防空缆索等。这是传统的分类方法,但仔细思量,不难发现,以上四类不是基于同一标准划分的。前两种为按照作用对象划分,后两种是按照作战样式划分的。所以大家要用批判精神来看待。

个人认为,筑城障碍物按照作用对象分为防陆上机动筑城障碍物、防海上机动筑城障碍物、防空中机动筑城障碍物。其中,防陆上机动筑城障碍物主要有防步兵筑城障碍物、防坦克筑城障碍物、防运输车辆筑城障碍物,防海上机动筑城障碍物主要有防登陆舰(艇)筑城障碍物、防水陆两栖坦克筑城障碍物、防气垫船筑城障碍物,常见的障碍物有削壁、桩砦、钢筋混凝土三角锥等预先设置的固定障碍物,以及浮游铁丝网(垂直、水平)、浮游绳索、浮游钢索、浮游起落栅等机动设置的水中浮游拦障;防空中机动筑城障碍物主要是防直升机、飞行伞等低空飞行目标的障碍物,常见的有防空缆索、防空墙等。按照作战样式,筑城障碍物又可分为边境防御作战筑城障碍物、抗登陆筑城障碍物、城市防御作战筑城障碍物、山地机动防御作战筑城障碍物……这些不同作战样式的筑城障碍物实际上是各种筑城障碍物的混合设置和运用。

讲了这么多筑城障碍物的分类,大家肯定会想现在的车辆装备机动性能这么好,这些筑城障碍物到底有没有用? 能够起到什么作用?

关于筑城障碍物到底有没有用,我想用一个战例做说明:在1973年第四次中东战争中,以色列仅以少量老式"谢尔曼"坦克,成功阻止了叙利亚800辆T-62坦克洪流的进攻,其中很重要的原因就是有效利用后来被称为"戈兰壕"的防坦克壕,最终导致叙利亚战损了250辆坦克和260辆装甲车。

从理性的角度分析,筑城障碍物的作用到底体现在哪几个方面呢?一是阻止敌军机动。筑城障碍物能破坏、干扰敌军的集结、开进和展开,割裂敌人的战斗队形,限制敌人机动,迫使敌人放慢行进速度,改变运动方向,使敌人处于不利地位。根据试验资料表明,一道纵深为100~300米的混合障碍带,可以迟滞敌坦克的时间为13.5~20.5分钟。二是提高火力杀伤效果。对于军事爱好者来说,大家想必都玩过射击的游戏,大家想一想是固定目标好打,还是移动目标好打?很显然是固定目标好打。当高速运动的目标减缓运动速度或者变为固定目标,火器的杀伤效率会大大提高。美军试验结果表明,布设得当的障碍物能使反坦克武器的命中率提高8倍。三是增强阵地的稳定性。障碍物将阵地与阵地、支撑点与支撑点、前沿与纵深、正面与翼侧有机地结合成一个防御整体,从总体上提高阵地的防御韧性和稳定性。根据外军利用电子计算机进行的仿真模拟表明:在没有障碍物时,抗冲击的概率为14%。有障碍物时,抗冲击概率上升为39%,有障碍物比没有障碍物阵地稳定性提高了25%。四是提高火器的战场生存能力。据计算机仿真模拟研究表明,在没有障碍物的情况下,反坦克类武器战场的生存率仅为23.3%,而在有障碍物的情况下则为30.4%,设置障碍物比不设置障碍物使得火器的生存能力提高了7.2%。[1]

---

[1] 中国人民解放军总参谋部军训部:《野战筑城技术》(中册),北京:解放军出版社,2014年,第3页。

既然障碍物这么重要,那么应该怎么设置障碍物,或者说设置障碍物应该坚持什么原则呢?

首先,必须符合战术要求。应根据敌情、任务和作业条件等,统筹考量,科学布设,根据敌军作战企图、装备性能和我方作战任务、现有条件确定障碍物的布设类型、布设手段、布设密度。应在我军主要防御方向、重点目标、重点地域、重点空域,重点布设;应按照先前沿、后纵深,先主要方向、后次要方向,先防坦克障碍物、后防步兵障碍物的顺序实施。

其次,必须与火力相结合。为便于火力控制,障碍物应与堑壕相一致、成折线;直线段长度根据地形和掩护火器有效直射距离而定,以便于火力控制为准。通常为使敌人不能直接将手榴弹投至堑壕,及避免敌炮火同时破坏射击工事和障碍物,障碍物距堑壕距离应不小于50米。

再次,必须与地形相结合。山地可以设置石障和鹿砦等障碍,平原地可构筑防坦克壕、桩砦和陷阱,丘陵地可采用崖壁、断崖,居民地可构筑拦障和设置钢筋混凝土三角锥等。

最后,必须使各种障碍物相结合。各种筑城障碍物相互结合、交错配置,既可增强障碍能力,形成坚固的障碍地带,又能使敌人难以破障,提高障碍的生存能力。为使障碍物相互加强和掩护,在设置障碍物的时候,应根据实际情况做到四结合:人工障碍物与天然障碍物相结合;防坦克障碍物与防步兵障碍物相结合;制式器材与就便器材相结合;预先设置与临时设置相结合。此外补充一点,还要做到筑城障碍物与爆炸性障碍物相结合。

筑城障碍物在信息化、智能化战争的今天依旧发挥着十分重要作用,科学合理地布设筑城障碍物将有效杀伤和阻滞敌方人员和装备,为防御方提供更多应对时间。然而随着战争形态、作战样式、作战方式的不断变化,筑城障碍物的样式也应相应改变。如为满足机动作战、进攻作战的要求,集侦查、攻击与设障为一体的可移动式筑城障碍物将是发展的重点;面对小型无人机的低空近距离侦察打击,阻滞、毁伤低空与超低空飞行目标的防低空、超低空筑城障碍物应成为重点研究方向。

筑城和伪装有啥关系

在工程兵部队长期流传着这样一句话,叫作:"筑伪不分家。"

这句话很好地诠释了筑城与伪装的关系:筑城和伪装密不可分。人们在谈及筑城的问题时,往往会涉及伪装的问题。无论是永备筑城还是野战筑城,在其构筑阶段,伪装都是其重要的一部分,是必不可少的一个环节。

那么什么是伪装呢?从定义上讲,伪装是隐藏自己和欺骗、迷惑敌人所采取的各种隐真示假措施。[1] 包括:隐蔽真目标,设置假目标,实施佯动,散布假情报和封锁消息等措施。伪装是提

---

[1] 中国人民解放军总参谋部军训和兵种部:《工程兵专业技术》,北京:解放军出版社,2006年,第279页。

高目标战场生存能力的重要措施，是欺骗侦察监视的有效手段，是对抗精确制导武器的有力盾牌，是夺取信息权的重要方法，是以劣抗优的有效途径。伪装从运用范围上可分为战略伪装、战役伪装和战术伪装；按照应对侦察手段分为防光学侦察伪装、防热红外侦察伪装、防雷达侦察伪装和防声测侦察伪装等；按照是否使用器材分为天然伪装和人工伪装。常见的伪装手段有：植物伪装、迷彩伪装、遮障伪装、烟幕伪装、假目标伪装、灯火伪装、音响伪装等。比如，大家常玩的一款游戏——CS中使用的烟雾弹就是一种烟幕伪装；山林中士兵身穿丛林迷彩、脸上涂满迷彩油脂是迷彩伪装；果园谷地里摆放的稻草人，从某种意义上讲是假目标伪装……

伪装是一个大的概念，大到可以上升到国防和军队的战略问题，小到一个人、一件物品。因此，我们所说的"筑伪不分家"中的伪装通常指的是对筑城工事及障碍物目标的伪装，是战役战术伪装的一部分。这是首先要跟大家说清楚的一点。

筑城中为什么要伪装？筑城的本质是为了抵御敌人炮火的攻击，保存我方有生力量，但这并不意味着筑城一定就要"挨枪子""遭炮击""当活靶子"。倘若能够不被发现、不被打击，岂非更好？通过伪装的技术手段，可以有效降低筑城工事及人员被敌发现的概率，减少被敌打击的可能性，自然可以提高目标的战场生存能力。所以说，筑城的重点是对抵抗敌火力打击能力的研究，伪装的重点是不被敌发现和打击的能力的研究。战场上，无论是出于人员的生命安全考虑，还是战斗和经济效益，我们首先要做的应该是不被敌人发现和打击,其次才要考虑被打击时能否抵抗的问题,因而伪装是第一步。我们在前文讲到成层式防护层时,为什么第一层就是伪装层,道理也是如此。

所以筑城为什么要伪装?筑城是为了防护,伪装则是防护的第一道防线。这里不得不谈一谈"伪装防护"和"防护伪装"这两个概念。筑城与伪装不分家,防护和伪装这两个词往往也密不可分。在平素专业方面的交流与讨论中,大家常常会提到"伪装防护"或者"防护伪装",并且对于这两个词的概念不够清晰,存在疑惑,不知道究竟是该叫作伪装防护还是防护伪装?或者这两种说法都有,认为二者含义并不相同,但又说不清楚具体区别。久而久之,两者便变得更加模糊和费解了。著名专家"古道西风"在《人防目标伪装防护》一书中,对书名解释道:"在伪装之后,为何又加了一个防护呢?因为人防目标的伪装与军事目标的伪装有很大不同。人防目标由于规模大、不可移动性和卫星侦察不受国界、时间限制,伪装无法做到不被发现……既然目标已经被发现为什么还要进行伪装?这是因为发现是精确打击的必要条件,但不是充分条件,发现不等于摧毁。已经被精确制导武器发现的目标,除惯性制导外,导弹发射时射手还必须捕获目标。且精确的瞄准贯穿弹头的整个飞行过程,对于目标信息的捕捉也是实时的,一旦在其中任何一个时段特别是末端因为干扰、诱导等手段而丢失目标,就无法进行精确打击和摧毁。人防目标实施的伪装,其目的是欺骗和迷惑精确打击,通过真假的结合增加射手捕获目标的难度,扰乱和中断制导信息链,这种措施是对抗打击而不是对抗侦察发现的,所以应该称为防护。但是因为使用的技术是伪装技术,所以称为伪装防护。"①

笔者十分认同这种表述,这里的伪装防护不能单纯地理解为伪装和防护,而是应看作一个整体。防护是目的,伪装是手段,即使用伪装的手段进行防护。进而在进行伪装防护研究的时候,研究的是伪装的技术手段而不是防护,也就是说伪装是重点。将其推广到永备筑城及一些野战筑城工事也同样是适用的。按照这样的思路,便很好地解释了"伪装防护"这个概念。那么"防护伪装"又怎么解释呢? 其实上文中已经提到,就像成层式防护层,防护是重点,伪装是第一步。防护伪装重点应是防护,伪装只是防护的一部分。

事实上,笔者认为,我们不应过分强调是"伪装防护"还是"防护伪装",从某种意义上来讲,伪装也是一种防护,防护也是一种伪装,伪装得好甚至不需要防护,因为敌人根本找不到或者打不到你;同样防护得好甚至不需要伪装,任你怎么打都打不破,那又何须伪装呢? 筑城(或者防护)并非任何时候都需要伪装,因为它还具有震慑的作用,有时候筑城目标可能就是要给敌人看的,让其望而却步。

那么对于筑城工事我们应该如何进行伪装? 针对不同的筑城工事有不同的伪装方法,比如对于掩蔽部的伪装,要充分利用地形,把工事与背景融合起来,在起伏地上,应使它的覆土形状

---

① 古道西风等:《人防目标伪装防护》,北京:中国宇航出版社,2016年,第1页。

和坡度尽可能地与配置地域一致,在平坦地形上,覆土坡度应平缓,从而防止产生阴影和突兀,出入口需要选择合适的伪装外形,水平出入口可采用平面掩盖遮障,垂直出入口主要采用在盖板上涂刷迷彩或铺设草皮和遮障;对于交通壕的伪装,要使其顺着自然地形弯曲和起伏,并沿着道路、田界、沟渠来配置,特别是胸墙部分明显呈一侧或两侧亮带,暴露征候突出,需要重点伪装;此外还可以采取示假的方式,构筑必要数量的假目标来达成伪装意图……如果大家真的对伪装这门学科感兴趣的话,不妨去寻找相关书籍资料阅读学习,里面有很详细有趣的介绍。

这里我们只着重强调伪装的两个层面:直接伪装和间接伪装。对于筑城的直接伪装大家应该很好理解,即利用天然植被、伪装网、伪装遮障、特殊伪装材料等一系列的伪装手段和经验技巧直接作用在筑城工事上将其进行伪装。这类伪装通常是与每个工事合为一体的,而工事与工事之间的伪装则是相对独立的,是一种点状关系;间接伪装是一个相对较大的概念,不是直接作用在筑城的工事上,而是指战略、战役、战术欺骗。这里需要提醒的是,如今以小型无人机为典型的新的侦察手段正频频用于现代战场,从而导致了野战筑城工事的伪装问题面临巨大挑战。如何应对小微型侦察武器抵近侦查,实现对野战工事的有效伪装,是今后需要研究的一个重要课题。

筑城和伪装有着千丝万缕的联系,"筑伪不分家"的说法是一代又一代筑城和伪装专业人长期实践总结出来的道理,也是战场环境下筑城伪装的必然要求。一方面,在伪装的作用下,筑城工事能够有效地保存自身，减少被敌发现打击的概率，提高战场生存率，另一方面因为有筑城工事对伪装需求，也使得伪装的技术手段得到了进一步的发展。可以说，筑城离不开伪装，伪装也离不开筑城，二者虽然属于不同学科，但万不可将其分割开来。

永备筑城 VS 土木工程

永备筑城相较于野战筑城就显得"高大上"了很多，无论是雄伟绵延的万里长城，还是固若金汤的炮台要塞；无论是神秘莫测的核试验基地，还是如火如荼的人造海岛……都使得永备筑城的脸上蒙上了一层神秘华丽的面纱。似乎提及永备筑城，便联想到了山一般的庞然大物，心中充满敬畏、惊讶与好奇，特别是对于军事爱好者来说，总想寻找一个机会近距离地去看一看、摸一摸。然而，其实永备筑城的很多工程并没有大家想象的那般高不可攀，它与一座大桥、一栋高楼、一条隧道在本质上并没有太大的区别，只不过是多了一层军事属性而已。事实上，永备筑城与土木工程是相通的，在某种程度上甚至并没有什么不同。

在被誉为"基建狂魔"的中国，对于土木工程这门学科，想必没有谁会完全不知道。自20世纪90年代起，房地产产业膨胀式的发展，引得民众逐渐认识到了房地产、商品房、建筑施工、工民建等土木工程相关的词汇，也渐渐管中窥豹，看到了土木工冰山一角的魅力。随后,享誉世界的中国高铁让世人见识到了中国速度,斥资1 200多亿元可抵12级台风的港珠澳跨海大桥使得全世界为之瞩目,新冠疫情之中仅十天建成的武汉"火神山"医院更是震撼了世人也感动了世人……

那么,究竟什么是土木工程?它与永备筑城又有怎样千丝万缕的关系呢?从定义上讲,土木工程是建造各类土地工程设施的科学技术的统称。它既指所应用的材料、设备和所进行的勘测、设计、施工、保养、维修等技术活动,也指工程建设的对象,即建造在地上或者地下、陆上或者水中,直接或间接为人类生产、生活、军事、科研服务的各种设施。例如:房屋、道路、铁路、隧道、桥梁、运河、堤坝、港口、电站、飞机场、海洋平台、给水排水以及防护工程等。值得注意的是,土木工程包含防护工程类的军事设施,而这些防护工程其实就是永备筑城。因此从定义上来讲,土木工程包含有永备筑城的部分,很多永备筑城的工程其实就是具有军事用途的土木工程。土木工程是永备筑城的基础,任何基础建设都离不开土木工程,土木工程在军事工程中占据着重要的地位,同时也为永备筑城提供可靠的硬件设施,是军事行动顺利实施的保障。

永备筑城从头到脚都有着土木工程的影子。从工程的全生命周期看:一个完整的土木工程建设项目,其全生命周期包括规划阶段、设计阶段、施工阶段、运营阶段、循环利用(报废处理)阶段,具体包含项目的提出、可行性研究、规划设计、方案论证、勘察设计、工程设计(结构、抗震等级、使用年限、强度等)、施工

（工艺方法、安全技术交底、应急预案、人机料法环等）、装修（内部设施安装、管线敷设、通风消防等）、运营（投入使用）、物业（维护）、报废或再利用。同样，永备筑城的建设通常也是有计划地进行，它由国家最高统帅部根据本国的军事战略、作战意图和国防建设方针以及战场建设的需要，按照国家可能提供的财力、物力制定永备筑城建设规划；由永备筑城主管部门编制工程建设计划和经费预算；由各军区、军兵种组织实施，其工程的建设同样严格遵循全生命周期的环节。

　　从工程施工所采用的建造技术手段看：永备筑城的建造技术来源于土木工程。永备筑城与土木工程都是大面积使用高强度耐久的材料，包括混凝土、钢筋混凝土、钢材等传统材料以及高强合金、预制构件、纤维增强复合材料等新材料。永备筑城工事的施工方法也来源于土木工程的房屋建筑、桥梁高架、地铁隧道、矿井巷道等施工方法，如盾构法、TBM、新奥法、全断面开挖法、顶管、沉井、暗挖等；装配式建筑渐渐推广到永备筑城……从典型工程来看，城市地下工程包括地下商场、市政人防和地铁隧道工程与永备筑城的地下坑道工事、地下指挥部、地下基地洞库等在功能属性、形式样式等方面有着极大的相似之处，甚至在很多情况下，城市地下工程就是按照永备筑城的军事需求来建造的，平时作为满足人们日常经济、交通、居住、生活的基础建设，战时则可作为临时防护的避难所，作战指挥的指挥部。

　　永备筑城是有着特殊需求的土木工程。所谓特殊需求，就是军事需求，是国防需求，也是打仗需求。传统的土木工程要根据国家标准，在设计建造上对使用用途有所考虑。永备筑城除了要满足这些基本的需求之外，还要满足4大需求，分别为防护强度的需求、伪装与反侦察的需求、长期坚守的需求（综合保障能力）以及动态完善的需求（快速反应能力）。永备筑城是要抵抗敌方火力打击的，这些火力既包括传统的机枪、榴弹炮、炸药等，也包括导弹、洲际导弹以及核武器。因此，在设计建造的防护强度上有着很高的标准和要求，既要能够抗住弹药的物理冲击波，又要防住生化核武器的软侵袭，这就使得永备筑城工程普遍高大厚重、密闭性好。

伪装是防护的第一道防线，为了不被敌人发现或者应对敌人精确制导武器的打击，这就要求永备筑城工事具备伪装和反侦察的能力。因此，在进行永备筑城工事建造时，需结合相应的伪装与反侦察技术手段，从规划设计等多方面进行综合考虑，这就使得永备筑城工事普遍较为隐秘。永备筑城要想达到长期坚守的目的，一是要有足够的防护强度来抵挡敌火力的进攻；二是要保障内部人员的基本生活条件，配备完备的内部设施，在战时即使与外界隔绝，也能保证内部人员数月乃至数年的生存无恙。

另外，科技的发展日新月异，带动尖端打击武器、侦察手段、防护手段不断迭代更新，已建设完成的永备筑城工事可能一直面临无法应对新式武器侦察打击的威胁，这就需要在原有建筑的基础上持续进行强度和信息化的改造、完善和补充。虽然民用建筑同样存在此类问题，但相对来说，永备筑城对于这种需求更加迫切和必要。

此外，在战时由于敌火力的打击，永备筑城工事的局部大概率存在不同程度的损毁，其内部工程设施也大概率存在功能失效的情况，因此需要具备在战时能够进行快速抢修抢建的能力。这种能力一方面取决于抢修施工技术和队伍的素质，另一方面取决于建筑本身建造设计时是否考虑具备便于抢修抢建的能力。

永备筑城需要站在土木工程的肩膀上看世界。事物是动态的、发展的，永备筑城也并不是一成不变的。纵观筑城的发展史，其背后的动因有三：武器装备的革新是直接动力，科学技术的进步是根本动力，军事理论的创新是牵引动力。永备筑城想要发展，既要瞄准新武器新装备，紧跟新技术新手段，领悟新理论新思想，站在军事科学的角度看问题，同时又要站在土木工程学科的肩膀上放眼世界。土木工程是永备筑城的基础和技术的来源，随着当今土木行业的饱和与技术的成熟普及，其发展已由巅峰进入了瓶颈阶段，虽然有一些新技术、新工艺、新材料的频繁出现，但已无法满足人们对于建筑的更高要求，这迫使土木行业的研究者转变思路，进行多领域融合，开始新的尝试，不断探索新的方向。智能建造技术、信息嵌入融合技术、可持续生态圈理念等逐渐被提出和应用于实践。永备筑城受限于军事属性和保密原则，其发展在一定程度上滞后于土木工程行业。一方面是新技术、新工艺、新材料在永备筑城的建造上适用性还不够强、运用也不够充分，需要进行相应的技术改造与运用检验，另一方面军事建筑设施更倾向于防护强度的生存实用性而非其他功能的创新探究性，其研究和发展受到很大程度的阻碍。

简而言之，笔者认为永备筑城想要发展，需打破这种固有的思维限制，既要结合土木工程中的新理论新技术新材料创新适用于永备筑城的融合手段，跟上土木工程发展的大趋势，又要放眼更多领域、拓宽思维，创新运用更多新技术、新手段，从源于土木到引领土木。

第三章　回应：筑城的实践法则

常言道："外行看热闹，内行看门道。"未曾深入了解过筑城的人，可能会觉得它不就是"挖坑"吗？有什么难度？其实很多时候，事物往往并不像我们想象中的那样简单。筑城看似简单实则蕴含很多技巧和门道，这些技巧和门道或是实用性极强，或是暗含深刻道理，都是经过战争实践的经验总结。比如，你或许会构筑单人掩体，但单人掩体应该构筑在哪个位置，多个单人掩体应该怎么布局，它们之间应该如何联通？掩体、堑交壕、掩蔽部等在战场上如何合理布设才能形成一个牢固的阵地，它们各自的数量、尺寸等如何确定？铁丝网、拒马等障碍物又是如何设置，如何将其与各种工事契合起来，形成一个完整的阵地环境，这些你是否又能讲清楚呢？

本章为筑城实践论。

设计野战工事的门道

野战工事与永备工事不一样，它是临战前或战斗中临时构筑的工事。因此，它有小型、轻便、机动和快速构筑等要求，在设计上有着相应的特点和门道。

无论是一个单人掩体、一段堑交壕还是一个人员掩蔽部，野战工事的尺寸普遍较小，选用的构筑材料也尽可能地是轻质高强度材料，这样可以减少工作量，便于快速、机动构筑；对于一些相对较大的工事，常常采用通用化和标准化的装配式结构进行人工搬运和构筑，这就要求使用的构件重量尽可能地要轻，便于单个人或者两到三人快速搬运。在防护结构的要求上，一般要能抵挡常规武器的冲击，重要的工事可兼顾考虑抵御核生化武器的攻击。因为需要抵抗武器的爆炸冲击，所以野战工事并不像一般建筑那样对于自身的变形和破坏有着太严苛的要求和规范，是允许出现较大变形和裂缝的，直白地来说，只要工事在抵抗炮火的情况下能够起到防护的作用，并且不倾覆不倒塌就没有问题。总结起来，野战工事在设计上要把握这些原则：要满足它的使用要求，尺寸尽可能要小，能够抵抗常规武器的冲击，尽可能地采用装配式构件，构件的重量要尽可能地轻质高强度且具备通用化和标准化，此外工事还要满足必要的防水要求。把握住这几个原则，就把握住了野战工事设计的大方向。

其次就是设计上的细节问题：包括工事在哪里建，怎么选择？工事的尺寸规模和容量定多少？工事与工事之间的间距如何把握？定位高度是多少？有哪些部分组成？工事的主体应该怎么设计？孔口怎么设计？等等。

野战工事对于位置的选择，最重要的就是应满足战术技术的要求，便于完成所担负的任务，因此工事的位置必须根据阵地人员、装备编成、武器火力的分配等确定。在这个基础上，还应选择在地形隐蔽、防护性能好、易于伪装、地质稳定、地下水位较低、工程量小、便于作业的地点。对于大型技术兵器装备工事的位置，还应考虑便于出入的问题；对于工事平面为长方形，同时又能判定敌火炮的基本射向时，工事的长轴线应与敌火炮的基本射向垂直，以减少工事的命中概率。

野战工事在尺寸规模和容量上要尽可能地小。工事越小，被发现的概率、被命中概率和被毁伤概率都会大幅度减小，从而达到以较少的材料、劳力，获得较高的防护能力和生存率的目的。但工事也并非越小越好，它还需要考虑经济性、快速性和防护能力。一般来说，工事对炮航弹的抗力越高，工事的容量可以适当扩大，这样能够取得较好的经济效益；工事抗炮航弹能力较低，其容量应适当缩小，这样不仅能提高工事的生存概率，而且实施分散，可减小损失。例如：小型人员掩蔽工事通常容量为半个班，轻型分队掩蔽部一般不超过一个班，中型以上分队掩蔽部一般不应超过一个排。总之其基本原理是数个小型工事，同时被炮航弹破坏的概率远远小于一个大型工事被破坏的概率。

对一群工事而言，除考虑单个工事的位置之外，还要考虑工事之间相对位置关系与距离。如果工事之间距离太远,不仅不利于各部人员的联系和指挥通畅,并且所要开挖的交通壕的长度也变得很长,这无疑增加了工作量;如果工事之间的距离太近,阵地所占的区域没有完全铺开,缩成一团,不利于战斗中的防守或者进攻,又无疑增加了工事被破坏的可能性。试想一下,一发炮弹打来,两个紧挨在一起的工事极有可能被同时命中,倘若拉开距离,则最多只能命中一个工事。随着常规武器破坏威力的不断提高,工事在布局上必须保持一定的距离,疏散配置,增大工事与工事间的距离。实践证明,工事配置的地幅越广,分散程度越大,生存力就越高。并且,现在的武器不仅威力剧增,且打击的距离也越来越远,军队作战面对"大纵深火力杀伤""大纵深奔袭行动"和"大纵深机动作战"的可能性越来越大。为防止敌人袭击、包围和全方位的打击,工事的布局位置还应该在纵深方向进行考虑,加大纵深距离。

　　工事在定位高度上也须有一定的考虑。定位高度会影响到工事的使用、防护、隐蔽伪装、施工和经济性等各方面,对于射击、观察工事来说,其零点标高选定的正误优劣直接影响到工事的战斗性能。定位高度过低,可能无法拥有一个宽阔的视野,不利于观察敌情,也不利于武器的火力打击,位置过高则死角增大,且工事暴露易被发现和摧毁。对于掩蔽工事来讲,如果位置过高就无法埋入地下,防护层也无法布设,也就失去了防护的效果;如果位置过低,就要深入地下,其防护能力固然得到了加强,但是构工时的挖土量增大,且易受地下水的影响,工事通风、防毒等也有更高的要求。

对于野战工事的组成，主要有露天工事和掩盖工事两大类，其中露天工事有堑壕、交通壕、单人掩体、机枪掩体、火炮掩体、观察掩体、掩壕、掩蔽所等，掩盖工事有掩盖掩蔽工事、掩盖机枪工事、掩盖火炮工事、掩盖观察工事等。这是传统的分类方式，但是随着战争形态的演变、构工技术和构工材料的发展，很多露天型的工事也可以采用半掩盖或者掩盖的方式进行灵活构筑，比如堑交壕、单人掩体等可以在顶部覆盖简易轻型的防护顶盖再施以伪装，这样可以躲避小型无人机的侦察，更能适应目前的战争形态。

再简单的工事，也需要经过一定的设计才能更加合理地应用于战场，尤其是工事的主体设计，关乎工事整体结构的稳定和强度，也关乎工事内部人员和装备的生命财产安全。野战工事主要可分为三种，分别为掩蔽工事、射击工事和观察工事。这三种工事的功能属性不同，因此在设计上的侧重点也不同。

掩蔽工事主要用于保障战斗指挥和有生力量的安全，掩护装备和物资等少受或不受敌火力破坏，分避弹所、掩蔽部和掩蔽所三类。其平面形状一般情况下是矩形，断面尺寸应该满足人员和装备的需求，结构设计要简单，便于使用，并且还要适应材料的受力和加工特点。常用的断面有矩形、人字形、圆形、椭圆形、拱形等。矩形断面使用和施工方便，空间利用率高，但结构受力性能较差；人字形断面构筑方便，节省材料，受力性能好，但内部空间利用率低；拱形、圆形、椭圆形断面，结构受力性能好，但空间利用率低,使用不便,结构施工复杂。所以,无论哪一种断面形式,其结构上都存在各自的优缺点,因此我们在设计选择时需要根据具体的情况来分析,根据我们的需求、材料的性能等进行合理取舍,寻求最优解。

工事幅员的大小应根据工事用途、容纳的人数和人员的活动姿势以及内部设备的种类、数量和设置方法等条件而定。在便于人员工作和休息的前提下,应充分利用有效面积,尽量缩小内部幅员,以节省作业力、材料和提高工事的安全程度。崖孔一般构筑在堑壕的崖壁上,供1~2人临时掩蔽用,通常只考虑单侧坐姿休息,其主体尺寸需要根据1~2人单侧坐姿休息时的尺寸来设计;避弹所通常为战斗小组掩蔽用,供3~4人坐姿休息,只考虑单侧坐,并留一定宽度的走道;指挥所掩蔽部是保障指挥机关安全地进行作战指挥和休息用的工事,通常有人员掩蔽部、作战指挥掩蔽部和通讯掩蔽部,它的主体尺寸根据容纳人数多少确定。

为了减少敌武器命中概率,工事平面尺寸宜小不宜大,一般可与班掩蔽部通用,但在防护能力要求上可提高一级。作战指挥掩蔽部一般只用于营、团两级,师(旅)前进指挥所的作战指挥掩蔽部也可与同一级通用。救护所是供前线伤员作简单手术和急救处理的掩蔽工事,可内设手术台一张,工具台一张,双层床四张,单层床一张,能同时供四个伤员休息,一个伤员做手术。弹药库的容量是根据要求储藏弹药的数量多少决定的,弹药库堆放要充分利用空间,既要堆放比较紧凑,又要便于通风、检查和搬运。物资器材掩蔽所,宽度和高度要便于人员和物资的进出,长度按储存量确定。机械车辆掩蔽所幅员,按机械车辆尺寸确定;屯炮工事主体有屯炮室和人员掩蔽室组成,其尺寸根据各型火炮在屯炮状态时所需的空间而定。

而对于射击工事来说,其功能在于保障机枪、反坦克火器、火炮及其射手在发扬火力时的安全,因此射击工事首先要求满足发扬火力,其次是要有一定的防护能力,保障武器和射手的安全。观察工事用以保障观察指挥人员利用观察器材实施不间断地观察,步兵观察工事供指挥员及观察员手持望远镜观察用,观察室要求保障2~3人进行不间断地观察、记录和电话(包括有线、无线)通讯;炮兵观察工事是供炮兵指挥员、观察员指挥火炮射击时观察用,观察室的尺寸视使用器材而定。

野战工事孔口设计主要包括出入口、射孔和观察孔。为防止爆炸冲击波、弹片、毒剂、细菌和放射性沾染由孔口进入工事内部,应设置孔口防护设备。这些设备包括防护门、防护密闭门、密闭门、防护盖板、防护密闭盖板和盾板。目前我军已研制成功的孔口防护设备有木质板、钢筋混凝土门、钢丝网水泥门、钢门、波纹钢门、玻璃钢门、柔性门以及钢丝网水泥盖板、钢盾板以及新型防弹材料盾板等,在进行工事孔口设计时可根据实际需要选用。

出入口包括通道和门孔两部分,主要功能是保障人员、武器、装备出入方便和工事内人员、武器、装备的安全。野战工事的出入口分主要出入口和预备出入口两种。班以下掩蔽工事和机枪、观察工事只设一个出入口。排掩蔽部、指挥掩蔽部和救护所等可设两个出入口。主要出入口一般为水平或倾斜出入口，预备出入口可为垂直出入口，救护所必须设两个水平或倾斜出入口。水平出入口一般与堑壕、交通壕相连。按口部通道平面形状，出入口分直通式出入口、单向式出入口和穿廊式出入口。按口部通道坡度分水平出入口、倾斜出入口和垂直出入口。倾斜出入口按工事埋深设置一定长度的斜通道，斜通道做成阶梯式。出入口通道和门的数量，可根据战术技术要求而定。比如，班以上掩蔽工事、医疗救护工事、师团作战指挥工事及首长掩蔽工事等，通常设门前通道，或设门前通道和缓冲通道；当需要考虑防生化武器时应设门前通道、一段缓冲通道和一段密闭通道。

机枪工事通常设1~2个射孔，若两个射孔需要交叉，工事前墙宜设计成弧形或折线形。射孔平面形状通常为外八字形，立面为矩形。根据需要，平面形状也可采用内八字形或内外八字形。机枪工事射孔尺寸应尽量小，尺寸应根据机枪构造、枪管固定状态和射界确定。射孔左右、上下沿应留有一定余量。火炮工事射孔尺寸应根据火炮结构和射击任务确定，高低射界根据射击目标确定，射孔平面通常为外八字形。射孔应设防护盾板，在不影响火炮射击任务的前提下，尽量缩小射孔尺寸，盾板应能防炮口冲击波和一定距离弹片的贯穿。当火炮射孔与出入口共用时，按出入口设计。射击时射孔外宜设防护挡墙（土袋）。

观察孔的数量、角度通常根据观察任务确定。观察孔平面通常为外八字形，孔口内尺寸应根据观察仪器确定。用手持望远镜观察时,内尺寸相对较小,使用较大观察器材时,尺寸相应增大。观察孔应设防护盾板和观察孔盒,无特殊要求的不采取密闭措施。

防护密闭门的主要作用除了与防护门相同的作用外,还对冲击波、化学毒剂等有一定的密闭作用,野战工事人员掩蔽部出入口大部分都要求设防护密闭门,以确保工事内的人员安全。密闭门的主要作用是防止或减小从防护门或防护密闭门泄漏进来的冲击波余压和化学毒剂进入工事主体内,它主要用于密闭要求较高的人员出入第二道门。野战工事门的设计主要包括门扇、门框和闭锁、铰页设计三部分。野战工事常用的门扇结构形式有平板结构、拱形结构和带肋拱形结构三种,也有少数做成柔性门扇结构。从平面形状看,绝大部分做成长方形,为了门扇和门框更好配合,则做成椭圆形。不论哪一种形状,均要求拱形门扇结构能自行平衡拱角推力,即要求设计一个门扇边框来承受门扇拱的推力。

门框是防护门设计主要受力构件之一。野战工事门框可分为装配式门框和整体式门框。对于装配式门框,要保证各个装配的部位连接牢固,不能发生整体变位和扭曲等情况。闭锁和铰页设计是整个防护门设计关键部位。一般来讲,铰页和闭锁处门扇受力比较集中,且结构由于安装需要受到削弱。因此在安装闭锁和铰页部位时,必须进行局部加强。在门扇受到冲击波正压作用时,保证闭锁、铰页不受正压作用,只承受负压作用,并且闭锁要有定位装置,避免自行开锁,铰页开关要灵活方便,即使门扇产生较大塑性变形，也能正常启闭。盖板设计为翻转式盖板，由盖板、盖板框和闭锁、铰页组成，其设计与立转式门的设计相同。盖板尺寸由垂直口的大小决定，其结构形式有平板、拱形板和带肋拱板三种，其平面形状分长方形和圆形两种。盾板的主要作用是防爆炸冲击波，同时也考虑防炮（航）弹破片和枪弹的贯穿。盾板的开启方式可分为翻转式和推拉式两种。翻转式盾板由盾板、盾板框、闭锁、铰页组成。盾板设置在工事孔口外边，由外向里关闭。闭锁轴设置在盾板中央，轴套直接与盾板焊接。铰页为普通铰页，其形式与门相同。推拉式盾板由盾板和推拉槽组成。为了减轻拉力，还要尽量减少盾板与推拉槽之间的摩擦力。

综上所述，野战工事的设计相对来说还是比较复杂的，虽然工事规模不大，但各个要素都很齐全，可谓是"麻雀虽小，五脏俱全"。

设置障碍物的门道

筑城障碍物的作用主要在于迟滞、阻止敌人的行动，分割敌人的战斗队形，为防御方作战准备和歼敌争取时间，同时提高防御作战效能。

然而，同样是障碍物，甚至同种类型的障碍物，如果设置时机不同、布局不同、设置密度和设置方法等不同，其所起到迟滞和阻止的效果可能有天壤之别。合理的障碍物配系,即便再简单也可能起到神来之笔的奇效;不合理、不科学的障碍物配系,即便障碍物种类再丰富、再复杂,也可能沦为一道摆设。因此,如何设置障碍物是有相应门道的。

经过长期的战争实践,大体可以归纳总结出设置障碍物的九大法则,掌握了这九大法则,基本就掌握了设置障碍物的门道。

法则一:符合战术要求。障碍物的设置应根据敌情、任务和作业条件等,统一规划,科学布设,集中使用,保障重点,集中兵力和障碍器材,有重点地设置。通常在主要防御方向、重点目标、重点地域、重点空域,有重点地加大各种障碍物的密度和强度,迟滞敌人的进攻,为歼敌创造有利条件。设置障碍物时,应多层次,不规则地建构,通常按照先前沿、后纵深,先主要方向、后次要方向,先防坦克障碍物、后防步兵障碍物的顺序实施。

法则二:不妨碍射击、观察和机动。不论在前沿、纵深和接合部,构筑与设置的各种障碍物,都不能妨碍射击、观察和机动。因此,为保障部队机动,根据作战决心在预定机动、通过或展开地区的障碍物中应预留通路或间隙地,步兵通路宽度通常为 1~2 m,坦克通路通常为 4~5 m,并在附近备有能迅速封闭通路的移动式工程障碍物。在掩护地带预定实施破坏作业的地区(地点、目标),必须提前做好准备,遵照上级命令执行,以保障掩护部队的顺利回撤;设置的地雷场,应绘制详细的雷场要图,并严格管理,认真移交,以防己方人员误入雷区。

法则三：必须与火力相结合。障碍物与火力是防御的两个要素。障碍物好比防御中的"盾"，火力好比防御中的"矛"。战斗中，障碍物以阻、炸手段为各种火器创造打的时机和条件。反过来，障碍物在火力的掩护下，使敌人难以克服，又提高了火器与障碍物的生存能力。因此，在一定程度上，火器射击的效能依赖于障碍物的掩护效能，而障碍物的作用又依赖于火力的掩护，两者相辅相成。只有将两者有机结合，才能有效发挥整体威力。具体来说，就是把障碍物本身及其接近地，置于侧射、斜射和正面火力控制之下，以障碍物迟滞敌人进攻；当敌人进攻速度减慢时，发挥火力杀伤效果。

法则四：与有利地形相结合。天然陡壁、斜坡、沟、塘、渠、堑以及沼泽、河流是建立防御阵地体系的屏障，是构设阵地的重要依托，同时也是建立工程障碍体系的有利条件。在构筑和设置工程障碍物时，与各种有利地形有机结合，不但能减少构筑的作业量，而且还能增大障碍效果。在设置障碍物时，应充分利用各种有利地形，如高地、土丘、堤坝、沟渠、沙堆等，正确选择工程障碍物的类型，灵活确定障碍物的配置地点。比如，在山地可设置石障和鹿砦；在平原地可构筑防坦克壕、桩砦和陷阱；在丘陵地可利用改造崖壁、断崖；在水网稻田地可利用河流、沟渠、堤坝；在居民地可构筑拦障和设置钢筋混凝土三角锥等。

法则五：使各种障碍物相互结合。各种工程障碍物相互结合，既可增强障碍能力，形成坚固的障碍地带，又能增大敌人破障的难度，提高障碍的生存能力。为使障碍物相互加强和掩护，敌人难以侦察、排除，通常按（从敌方算起）防步兵障碍物、防坦克障碍物、防步兵障碍物的顺序配置，且各种障碍物的正面不应平行。同时，为避免敌炮火同时破坏相邻两带障碍物，各种障碍物之间应保持一定的距离。此外，设置障碍物时，应根据实际情况灵活运用。做到人工障碍物与天然障碍物相结合，爆炸性障碍物与筑城障碍物相结合，地面障碍物与空中障碍物相结合，防坦克障碍物、防步兵障碍物与防舰船、防直升机防空降障碍物相结合，制式器材与就便器材相结合。只有这样，才能更好地发挥障碍物的作用。

法则六：全面掩护与保障重点相结合。广泛性是现代战争对障碍物设置的基本要求之一。从防御前沿前到防御纵深，从主要防御地区到后方地域，从正面到翼侧均应根据战术的需要设置一定数量的障碍物，以对付敌全纵深、全方位和立体的攻击。但由于时间和器材的限制，能够达到全面掩护的可能性往往很小，因此，应在确保重点的基础上，适当扩大障碍物设置范围。在地域上应以主要方向为主，以要点为主，以重点目标为主，以前沿前为主；在时间上，要以阻敌突破和反冲击等关键时节为主；在对付目标上，要以敌武装直升机、巡航导弹、坦克和装甲战车为主。

法则七：预先设置与机动设置相结合。现代战争机动性强，障碍物仅靠临时机动设置，难以完成构筑与设置的任务，满足不了作战的需要。因此，构筑与设置障碍物，应采取预先设置与机动设置相结合的方法。在阵地上预先构筑与设置障碍物，可以及早稳固阵地,免遭敌人突然袭击,是组织障碍物配系的基础。但由于预先设置的障碍会遭敌炮火毁伤和各种破坏手段的排除,不能适应情况的变化,因此,以临时的机动设置障碍给以补充,能起到恢复和增强的作用。在战斗中临时机动设置的障碍物,具有很强的针对性和突然性,能达到出敌不意的效果。所以,应尽量加大机动设障的比例,提高机动设障的能力。

法则八:隐真与示假相结合。障碍场的伪装要注重隐真与示假相结合。在隐真上应充分运用多种制式伪装器材和就便伪装器材,采取有效措施,搞好障碍场伪装。在示假上要做到以下几点。一是数量要适当。设置假障碍场的障碍物数量、配置形式、面积大小、种类多少应与真障碍场基本相近。如果构筑的面积太小,障碍物设置太少,难以使敌信以为真。二是种类要多样。应充分利用现代先进技术,制作搬运式、充气式、折叠式、蒙皮式、装配式和快速膨胀式等多种多样的假障碍物,以适应设置假障碍场的需要。三是外形要逼真。一方面,假障碍物的外形特征必须自然逼真,其颜色、形状、尺寸都应与真目标一致,并具有真目标的暴露征候,另一方面,假障碍物的设置应符合障碍场配置的战术技术要求,有计划地仿造真目标所特有的活动征候,以引起敌人的注意,并使敌人感到有某种威胁性。四是设置时机要灵活。美军认为,搞好障碍物的伪装,最好的隐蔽方法是尽可能推迟障碍物的设置时间。因此,假障碍场的构筑与设置时机应与真障碍场同时构筑,有时假障碍场还要早些构筑,以吸引敌人的注意。同时还应模拟真障碍场的构筑程序、作业进度及各种征候等,使敌信以为真。五是真假结合。真假障碍物相互结合,使敌人无法判断障碍场的障碍属性,使敌人误假为真,信真为假,真假难辨,造成错觉和大意,作出错误的判断,从而提高障碍场的反侦察能力和生存能力。

法则九:布局要做到立体、大纵深、多层次、攻防兼容。立体、大纵深、多层次、攻防兼容是现代作战特点对障碍物运用提出的新要求。以往的战争中,对障碍物的运用多局限于主要战役、战斗作战地幅内,用来掩护防御阵地和一些重要目标。现代战争,仅为掩护防御阵地和重要目标虽十分重要,但远远不够。由于战役战场的广袤性和战术作战地幅成倍地扩大,为障碍物布局提供了广阔的空间。现代战争中,空中障碍区的作用将会更加突出,更加重要。为阻滞敌空中机动和空中突击,破坏敌空地协同和立体进攻,在战役地幅内敌人可能低空进入的主要方向和地区、重要防护目标周围,有重点地在低空、超低空的空间范围内设置带有破坏、干扰的空中拦障、阻塞气球、空飘雷等空中障碍;在地面上设置地空式空炸雷等多种对空障碍,从而形成由地面到空中等不同高度的多层次立体屏障,限制敌低空、超低空机动。

针对敌军已经改变了"逐道阵地去啃"的战法,将作战双方的力量聚焦点由前沿移向对方的纵深特点,必须在防御前沿前障碍物重点设置的基础上,加强纵深障碍物的设置与构筑,以阻滞和杀伤纵深突入之敌,使障碍物配系具有较强的弹性和韧性。战役障碍应深入敌占区,进至敌后方,达到战役战场的全纵深,形成若干战役障碍层次。战役障碍的层次，以兵团（部队）防区为单元，在防区内构设若干障碍地带，在战役全纵深内，从敌后战场、正面战场、后方战场广设障碍，形成众多的层次。战术障碍亦应如此，将障碍物扩展运用于敌进攻战斗队形之中，或敌进攻战斗队形之后，在战术可控范围内，形成若干战术障碍层次。战术障碍的层次，以部队或分队防御阵地为单元，在阵地内构设若干障碍地带或障碍区。在战术地幅内，从警戒阵地、主要防区、后方地区，形成众多的战术障碍层次。

现代战争，战局变化剧烈，攻防转换迅速，障碍布局从战役到战斗都应充分考虑这一特点，做到攻防兼容。既可用来掩护重要阵地和目标，又可用来围困、袭扰敌人，发挥其主动打击的威力，在战役上既要保障防御作战，又要保障进攻作战，在防御战斗中，既要保障阵地的稳定，又要保障攻击行动。

如何规划一个阵地

阵地工程规划是一个庞大而复杂的系统工程，需要从地形利用、空间布局、时间把握以及各项设施的统筹部署上对阵地工程进行具体安排和组织实施。具体来讲，要根据预定作战计划和编制装备、敌情、地形等主客观条件，确定各子项工程的规模（类型、数量）、布局及现地配置方案，计算工程构筑所需的作业力和机具材料，根据规定时限制订组织作业计划的实施。

如何规划一个阵地是一门学问。既要符合战术的要求，又要结合地形地貌；既要通盘考虑、整体筹划，又要突出重点、局部细化；既要制定目标、提前布局，又要因地制宜、随机应变……总之，阵地工程的规划十分复杂，并非三言两语就可以解释清楚，这里我们以一个营域阵地规划为例，来给大家粗浅地介绍一下。

首先，无论是营域阵地还是其他规模的阵地，都要符合战术要求，这要求我们在规划的一开始，就要明确阵地的幅员、部队的编制装备、阵地的编成、敌人进攻火力强度以及防御准备时间。

阵地的幅员是规划的基础参数，它的大小对阵地上堑交壕的数量和工事的布局都有着最直接的影响。从美军来看，通常情况下一个步兵营的防御阵地，其幅员大致为 2～3 平方千米。

部队编制装备会直接影响到阵地工程的设施种类、数量，它的变化必然也会对阵地规划产生重大影响。因此，在规划阵地时必须清楚和熟悉相关情况，特别是要注意准确掌握加强补充编制装备的实际情况，以实际的数据来确定设施种类和数量，使之更加科学合理。

阵地编成要素根据任务、敌情、地形和战斗部署等情况，按照作战的要求来确定。阵地工程怎么布局、怎么配置、配比多少都需要依据它来设计。对于一个营的防御地域阵地来说，其编成要素通常包括：前沿连阵地、纵深连阵地、营属火器分队阵地、营指挥所、营弹药所、营救护所和堑交壕。

敌方火力强度直接影响着阵地的生存能力和稳定性，阵地中相应工事防不防得住,得看敌方火力强度如何。因此,在规划阵地的时候,必然要根据敌军的武器装备性能、数量、火力的运用等情况来针对性地设计阵地中工事的抗力等级、布局方式、配比、掩蔽和伪装程度。

防御准备时间对阵地工程设施的种类、数量、工事的抗力、防护性能等均有制约作用;现代战争武器装备杀伤力、机动力、突击力大大提高,战争进程大大加快,作战准备时间、交战时间越来越短,对阵地工程规划也提出更高要求。以海湾战争为例,战争历时 45 天,空中打击占了 42 天,而地面战争只打了 3 天,也就是说从第一辆美军坦克开出堑壕,到最后一辆坦克停止前进,总共只有 3 天时间。试想,在如此短的时间内进行阵地工程规划,难度究竟有多大?换句话说,阵地工程规划,特别是野战阵地的工程规划,必须符合时间的要求,在时间允许的情况下,合理确定工程设施,并且还与部队作业能力、技术水平相适应。

明确了阵地的幅员、部队的编制装备、阵地的编成、敌人进攻火力强度以及防御准备时间后,还要对地形进行分析。

营域阵地规划的位置通常是由上级指定,对这片定好的地域进行地形分析时,主要是研究地貌、土壤、植被等地形的特点,及其对部队战斗行动的影响,包括地形的通视条件、射击条件、通行条件、构工条件、防护性能、伪装条件等。比如:对于平原地貌,部队在任何方向均可通行,视野开阔,机动性好,但是伪装和防护条件就比较差;高山地形坡度大、陡峭,不利于部队机动,但有利于伪装、隐蔽、防护;荒漠人烟稀少,缺少植被,极其容易暴露，武器杀伤范围也更大；稻田地土质松软，地下水丰富，交通便利，但不利用机械化构工，防潮防水也是问题；此外丘陵、草原、森林、沟壑、坑穴、陡坡等地形又有着各自的特点，这些都是在规划阵地时要考虑的因素。

对于地形的防护性能，应主要考虑如何依托地形减弱敌方武器的杀伤。大家可以想一下，当将阵地配置在大片林区或者其他遮蔽地时，那么在敌人炮弹爆炸的冲击下人员装备所遭受的威胁肯定要比在开阔地减轻很多。有数据表明，在荫蔽的地形和茂密的植被下，最多可以减少一半的人员伤亡。对于地形的伪装性能，主要考虑地形对部队隐蔽配置、隐蔽机动的作用。荫蔽地貌形态、植被和居民地的天然隐蔽作用可以起到很好的伪装效果，减少被敌侦察打击的概率。射击条件影响武器效能发挥，因此在规划前需要研究地形的通视程度，明确哪个地点观察良好、哪个地点视界开阔，哪个地点能够隐蔽人员和装备，能够隐蔽容纳多少人和装备等，以便充分利用地形配置工事。

地形工事构筑条件很大程度上受土壤环境的制约，土壤的类型、硬度、地下水位置、土层构造、有无植被等，都对工事构工的进度、质量、方法有着很大的影响。植被特别是树木是构工的资源，可以作为就便材料，当作工事的支撑结构；土壤的硬度影响构工开挖的速度，对于较硬的土质，尤其是冻土层和岩层来说，开挖的速度将大大降低；地下水位较高的地域，构工的防水防潮是最难解决的问题；砂土层、软弱层虽然容易开挖，但是其稳定性不足，常常面临砂土液化和坍塌的风险。

分析完配置地域的地形之后，需要依据地形条件，确定营域阵地的总体布局。营的阵地布局通常按照"营—连—排—班"这种由大到小、由粗到细的顺序逐层划分的。

营的布局可以分成一个梯队或者两个梯队。成一个梯队时，一般呈前三角或后三角配置，即一个连配置在另外两个连的前方或后方，便于形成火袋；当成两个梯队时，第一个梯队配置两个前沿连阵地，第二梯队配置一个纵深连阵地。连阵地是组成营以上各级阵地的基础，应依托高地、居民地等有利地形，构成由排支撑点为主组成的纵深、环形的阵地体系。连支撑点通常以两个排支撑点扼守前沿阵地，以一个排构成纵深支撑点扼守纵深阵地，成后三角配置，根据地形也可成前三角配置，互成犄角之势。排通常在上一级编成内组织防御，可担任第一梯队或第二梯队，有时也可单独遂行防御任务，其防御阵地通常构成支撑点式的防御体系。在防御前沿前，应当构筑适当数量的散兵坑和反坦克火器射击工事，并以交通壕或隐蔽路线与基本阵地相连接。排基本阵地通常成后三角配置，前沿阵地由两个班阵地组成，纵深阵地由一个班组成，有时也可根据情况成一线配置或前三角配置。班防御阵地是排防御阵地的重要组成部分，通常在排阵地编成内防守排支撑点内的一段，通常成一线配置。

将"营—连—排—班"的布局完成后，通过战术计算确定各层级主要火器配置地域和数量，并根据战术要求配置火器阵地，如迫击炮阵地、反坦克火器阵地、防空兵器阵地、重机枪排防御阵地、无后坐力炮阵地。各种火器均应构筑基本阵地和预备阵地，必要时构筑临时阵地。

然后，配置与规划营指挥所、弹药所、救护所及堑交壕。营指挥观察所通常配置在防御纵深便于指挥观察的地形上；营弹药所、给养所，通常配置在纵深阵地内或后方，地形隐蔽，便于交通和前送的位置上；营救护所通常设置在营防御地域的后沿，便于隐蔽、展开和前送后运的位置。

最后，形成障碍配系。应根据上级的计划、敌情、地形、时间、障碍器材等情况，结合天然障碍物，有重点地在前沿前设置和构筑防坦克壕、雷场、桩砦、陷阱、崖壁、铁丝网等障碍，组成以防坦克为主的多道障碍物配系。在营域前沿、翼侧、接合部和纵深内，设置防坦克、防步兵障碍物。在前沿前相间或混合设置防坦克防步兵雷场，构筑铁丝网、鹿砦以及防坦克壕、崖壁、断崖等绵密的障碍地带。各连支撑点周围，应设置环形障碍物，在预定反冲击、伏击地区以及敌可能机降地域应计划设置机动障碍物。其中，营阵地应在其接近地、前沿前、翼侧、接合部和纵深内，构成有重点的以防坦克障碍物为主的防坦克、防步兵、防直升机的立体障碍物配系。

在完成初步规划方案之后，还需要对营域内的防护工程、伪装工程、交通工程以及障碍工程等所具备的抗毁伤、火力发扬、反机动等方面的功效（或有效程度）进行定量分析和计算，进行效能评估。这就是一个营域阵地的规划过程。

如何构筑一个野战指挥所

指挥所是战场上的统帅机构，是指挥作战的中心，是指挥机构实施指挥的场所，对战斗的胜负起着至关重要的作用。一旦指挥所被打掉，就好比人失去了大脑，四肢力量再强也毫无意义可言。

那么，我们如何构筑一个野战指挥所呢？

首先我们要知道指挥所的一些基本概念，包括它的级别、类型和开设模式。指挥所有集团军、作战群、师旅级、团营级等级别；指挥所类型多样，按活动方式，可分为固定指挥所和移动指挥所；按存在空间，可分为地上指挥所、地下指挥所、水下指挥所、水上（海上）指挥所和空中指挥所等；按任务，可分为基本指挥所、预备指挥所、前进指挥所和后方指挥所。指挥所开设模式有四种类型，分别是车载式指挥所、帐篷式指挥所、被覆式指挥所和混合式指挥所。

确定了指挥所的级别、开设类型和开设模式之后，就需要对指挥所的配置位置和配置形式进行规划设计。合理地确定指挥所的配置位置和配置形式，不仅便于实施对部队的指挥，而且直接关系到其本身的生存。

指挥所配置有这样几个要求：一是便于观察指挥和通信联络。指挥所各工事间的相对位置要在保障安全的前提下便于指挥员指挥并有利于相互联络。靠近主要作战方向，有一定的地幅,利于各级指挥人员隐蔽观察、各类器材疏散展开和装备通联畅通,利于高效组织通信联络和指挥信息系统。二是便于机动。指挥所配置地域要有良好的道路条件或地形条件,便于防空和防核、化学、生物、燃烧武器的袭击,具备良好的机动灵活特性,以提高指挥所战场生存能力。三是便于疏散隐蔽地配置工事。为使指挥所不被发现和遭受破坏,指挥所配置地域应有较宽阔的幅员范围和良好的隐蔽条件,能够利用就近地形、地物进行隐蔽和伪装,或者对地形、地物进行适当改造,形成地下半地下的指挥所构设模式,以满足隐蔽和伪装的基本要求;并要避开信号源或其他电子发射装置,各工事应避开明显的方位物及易遭敌火力袭击的目标,选择在易于构工和便于伪装的有利地形上。四是便于组织自卫。为保障指挥所的安全,其位置应选择在敌坦克、空降兵难以接近,便于组织防卫的有利地形上。如树林地、高地反斜面的侧坡等地形上。在敌可能袭击的方向配置自卫工事或射击工事。五是便于构筑作业。现代战争发展迅速,持续时间短,指挥所的转移频繁,给指挥所的构筑增大了工作量。为了能达到快速构筑的目的,其配置位置应选择在便于构筑作业,特别是便于机械构筑作业的地点,以保证构筑任务能顺利完成。六是靠近水源且不易滞留毒气之处。指挥所的位置应选在靠近水源,不易滞留毒气的山坡、树林地等处,以方便指挥所的供水保障正常工作。

　　掌握配置要求后,在此基础上如何对指挥所进行配置呢?指挥所的配置位置、地幅大小和远近距离,应主要根据担负的作战任务、力量编成、地形条件,以及敌人的活动情况、距前沿的距离、预计在该地域遂行指挥任务的持续时间等情况进行确定。各指挥所的相对位置关系也有讲究:基本指挥所,进攻作战时通常开设在主要方向第一梯队侧后位置,防御作战时通常开设在主要防御方向一线防守部队和纵深防守部队之间有利位置;预备指挥所,进攻作战时通常开设在靠近主要方向的次要地域便于指挥的位置,防御作战时通常开设在靠近主要防御方向的次要地域便于指挥的位置;前进指挥所,进攻作战时通常开设在靠近第一梯队或相邻的位置,防御作战时通常开设在靠近一线防守部队或相邻的位置;后方指挥所通常开设在后方地域。

位置确定后,就应该确定配置的面积。确定指挥所配置面积,要结合敌情分析、通信保障能力和地形影响等因素综合确定。进攻作战时由于我方占据主动,要随时保持机动状态,通常配置面积可相对缩小;防御作战时由于我方处于被动,指挥所受敌威胁程度增大,通常配置面积可相对增大。

指挥所的配置位置确定后,指挥员或指挥机构应根据各编组及要素的工作性质、配置地域内的地形条件,综合研究确定指挥所内部各编组及要素的配置。在确定指挥要素的配置时,应力求做到总体布局合理,便于展开工作,便于实施指挥,便于组织防护和加强管理。基本指挥所内部各要素的配置,应在利于指挥和生存的前提下,力求隐蔽、疏散配置。

明确指挥所内部各要素的配置后,便开始工程设施的构筑。在野战条件下的进攻和防御战斗中,为保障指挥员和指挥机关安全地进行观察、组织指挥战斗和休息，应构筑供指挥用的工程设施。其工程设施主要包括掩蔽部、车辆掩蔽所、交通壕、警戒自卫工事和障碍物等。指挥所掩蔽部是构筑在指挥所范围内的掩蔽工事，用以保障指挥员和指挥机关安全休息和正常工作及不间断地实施作战指挥。车辆掩体是用于掩护车辆不受或少受敌火力破坏的掩蔽工事，在战斗中，车辆应充分利用地形掩蔽，否则应改造地形构筑车辆掩体；通常采用掘开地表、构筑平底坑的方式构筑，位置通常选择在反斜面、谷地和树林等隐蔽良好、进出方便的地形上。交通壕是供指挥所内的人员隐蔽机动、前送后运和连接其他工事用的壕沟式交通设施；在符合战术要求的前提下，应巧妙地利用山沟、谷地、山坡反斜面、沟渠、丛林以及高农作物等，并应避开难以挖掘的地段，尽量选择在较短的线路构筑，以减少作业量。交通壕通常应随地形自然弯曲，构成曲线形或折线形两种，这样可便于组织侧射、斜射交叉火力、适应地形、改善伪装条件、减弱原子冲击波在壕内扩展的压力，保障壕内人员不被敌纵射火力杀伤；在利用长直线地物时，也可构筑成横墙形，交通壕的断面形状应为梯形，其断面尺寸根据战术用途、地形、土质、作业时间和地下水位等确定，指挥所内的交通壕通常构筑为立行交通壕。警戒自卫工事是为提高指挥所生存防护能力，在其周围设置的警戒哨、防卫工事，防止任何无关人员进入核心区。

　　指挥所构筑完毕后，为提高其生存能力，必须对指挥所实施行之有效的伪装。

在敌空中侦察条件下,指挥所会有很多暴露征候。露天指挥所工事会呈现出各种形状和大小不等的暗色凹坑,周围有胸墙形成的亮斑点。堑壕、交通壕的壕沟形成狭长的暗带,胸墙则形成一侧或两侧亮带,总体形成很长的曲线形的特殊轮廓。由于亮带和暗带对比强烈,特别是在草地背景上,很容易被发现。堑壕、交通壕上的各类掩体常常是因为其胸墙比堑壕胸墙更宽而被辨别发现。当工事上部伪装层铺设草皮时,可根据伪装层的轮廓、覆土斜坡,以及出入口所形成的暗色凹坑来发现。当不铺设草皮时,则可以根据光露土的表面亮带发现工事。指挥所是由几个甚至几十个筑城工事组成的群体,其外围尤其是向敌一侧的障碍物配置,通往指挥所的接近路,来往人员、车辆活动,直升机及起降机坪,周围警戒阵地等多种目标,均存在不同的暴露征候。指挥所在一地停留的时间,也是影响其暴露的重要因素。随着侦察技术的发展和远程打击能力的提高,指挥所在一地停留的时间越长,暴露的可能性就越大,就越不利于指挥所的防护和伪装。此外,现代指挥系统离不开无线电通信设施,而任何无线电通信设施只要开启、运作,必然产生辐射。在电子侦察技术高度发展的今天,电磁辐射是指挥所暴露的最大威胁所在,也是其防护和伪装最为薄弱的环节。

筑城障碍物的暴露征候主要是呈现出延伸很长的特殊折线形状。如铁丝网障碍从空中看去是一系列小点,并且这些小点按一定间隔和距离排列。构工时,原来山岭植被或土石地貌的单调背景下,通常会出现工程切口、施工道路以及各类施工设施、车轮痕迹、工程出土，以及人员多、器材多、车辆机械多等现象，这些都是指挥所容易暴露的重要征候。

针对这些容易被侦察发现的痕迹，就要有相应的伪装对策，以提高指挥所的战场生存能力，保障安全稳定及时顺畅指挥。

对整个指挥所配置地域的伪装，应和单个目标的伪装相结合，充分考虑配置地域周围的具体环境和背景，做到相互融合、相互适应，降低其暴露征候，使敌人对指挥所配置情况难以发现或做出错误判断。

构筑指挥所掩蔽部时，应在满足战术、技术要求的前提下，最大限度地利用地形的伪装性能，把工事与周围背景融合起来。在起伏地形上，应使它的覆土形状和坡度尽量与配置地域内的地形一致；在平坦地形上，覆土坡度应平缓。一般说来，在平坦地形上对覆土的坡度有两种要求：一是防止产生阴影；二是斜面具有不显著的外形。因指挥所地域内的工事相对较为密集，露土斑点也较多，故可根据指挥所附近具体情况，用草皮、伪装网伪装或适当将工事伪装成弃土等地物的斑点。掩蔽部的出入口应适应周围背景的状况，选择合适的伪装外形。水平出入口的伪装，可采用平面掩盖遮障，使其和连接壕一起加以掩盖，上面铺设草皮。垂直出入口可在盖板上涂刷迷彩或铺设草皮和遮障等。另外，还可根据季节、地形与周围的地物分布状况，把工事仿造成相应的地物。例如，伪装成石堆、土堆、草垛等，也可采用变形遮障来降低掩蔽部的显著性。

堑壕、交通壕地段，通常用平面掩盖遮障来隐蔽，掩盖的宽度应根据整个地形背景和材料的数量而定。一般情况下,只掩蔽堑壕与交通壕,有时也连胸墙一起掩盖,堑壕、交通壕可充分地利用地形的隐蔽性能,顺着地形而自然弯曲、起伏,沿着田埂、沟渠和道路配置。堑壕、交通壕的散兵坑、机枪掩体等战斗设施,可用与胸墙颜色一致的平面掩盖遮障伪装,使其成为胸墙的一部分。

通往指挥所的进出道路是连接指挥所与接近路的辅助军用道路,并且往往是尽头路。作为明显的线形目标,道路的暴露征候非常明显,很容易被空中的光学照相、红外扫描、合成孔径雷达等侦察发现。各种车辆和技术兵器沿道路的行动,除了上述空中侦察手段可能发现以外,地面的光学、热红外侦察器材及活动目标侦察雷达都很容易查明。

因此,对指挥所实施伪装时,应同时对进出道路实施伪装。其中,利用地形的伪装性能隐蔽道路是最好的方法。在选定指挥所接近路的位置时,应尽量使道路通过树林、谷地、高地反斜面和居民点等隐蔽地段,从而隐蔽地接近目标。当进出道路必须通过开阔地段时,也应使其尽量沿着田界、沟渠和比较明显斑点(例如草地、耕地、庄稼地等)的边界通过,使其与地形背景尽量融合,以降低道路的显著性。当利用地形伪装性能不能完全达到隐蔽道路的目的时,则要设置不显著的水平遮障或掩盖遮障。当然,构筑假道路也是一种方法,一般在以下几种情况实施:一是在假目标区(如假指挥所、假集结地域等)构筑假道路网;二是在真实道路外仿造军队的行动;三是将连接隐蔽道路的未隐蔽道路延伸。当接近路较长时,为减少道路伪装作业量和提高伪装效果,也需要构筑假道路。其方法是:将目标隐蔽后,用假道路把其接近路延伸至假目标、居民地及其他原有的道路上去;也可以将目标与其相连的一段接近路隐蔽后,再在未隐蔽的接近路的末端构筑假目标,并用假道路构筑成绕假目标通行的环形路。

假指挥所不仅能吸引敌人的注意力和火力,减少真目标的损失,而且还能使敌人对我方意图判断错误,从而采取错误的行动,达到保护我方指挥所的安全的目的。指挥所的示假伪装措施要与隐真伪装措施相互配合,体现谋略欺骗的思想,充分运用各种模拟伪装措施,造成假象,以假乱真。假指挥所的构筑应与真指挥所的构筑同步进行,一般应在战役准备阶段完成。假指挥所的位置应符合总的伪装企图,与真指挥所之间保持一定的安全距离,且配置地点要符合战术要求和现地地形特点。需要注意的是,为减少作业量,各种工事不必按真工事标准构筑,只要显示出真工事暴露征候即可。假指挥所的构筑通常包括:假掩蔽部、观察所、接近路、连接壕或路、障碍物、配置地域、通信设施等。此外,在构筑假工事的同时,还应在示假地域设置一些假车辆、假兵器和假人员,增加活动暴露征候(除了使用制式假目标器材外,也可将报废淘汰的旧装备作为假目标,增强假指挥所的仿真度)。最后,应对各种假工事和假目标进行不完善的工程伪装,使敌真假难辨。

总之,在侦察手段立体化、综合化的今天,战场基本处于"透明"状态，指挥所的活动一直都处于敌人的监视之下，伪装要贯穿于指挥所使用的全过程。伪装实施过程中，要注意单个目标与战场整体伪装相结合，单个目标的伪装要符合整个系统的伪装要求和规划，要与战场整体伪装相统一。

从明确指挥所的级别、类型和开设模式，到规划设计指挥所的配置位置和配置形式，再到工程设施的构筑和伪装，至此野战指挥所的规划与构筑才算完成。

第四章　演变：筑城的历史段落

从冷兵器时代的肉搏拼杀，到火药时代的炮火连天，再到信息化时代的网络较量，每一次科技跃迁都在战争的史册上留下了浓墨重彩的一笔。同样，伴随新材料、新技术的革故鼎新和战争形态的持续演变，筑城形式也经历了多次重大历史变迁。昨天是今天的历史，明天是今天的继续。重温筑城历史，不仅可以让我们更加清晰地理解看清筑城发展的历史脉络，而且我们可以从过往筑城理论、筑城技术、筑城实践中汲取智慧和力量，更为重要的是从中我们可以更好地前瞻预测筑城的未来发展。

本章为筑城历史论。

原始战争：长矛石器与环壕城邑

原始战争时期，筑城的形态为环壕聚落或"城邑"（古代城市的统称）。在学术界一般认为城邑起源于距今约 5 000～7 000 年的仰韶时代，并且因带有人工挖掘围沟的村落遗址，因此也有时被称为环壕聚落。

那么是什么催生了原始的筑城？在生产工具比较落后的情况下，原始人时刻担心害怕遭到各种野兽的袭击。这种情况下，聪明的原始人想到利用天然的高地、河湾、沟壑等将自己与野兽隔开，有效地抵制了野兽的侵袭。结合天然有利的地势，原始人还想到可以人工挖掘壕沟。于是，各部落、氏族为保障自身安全，提高生存能力，便在居住区四周挖护村、护寨的壕沟，在聚落外围挖掘环壕，以防异族部落进犯。我们将这种原始的筑城形态称之为"环壕聚落"。

准确地讲，环壕聚落是指在居住区周围以环状或长方形壕沟为主要防御设施的聚落遗存。壕沟是城堡出现前一种最有效的聚落防卫设施，也是后来护城河的最初萌芽状态。早期的史前社会，人口稀少，社会结构简单，生产力落后，没有有效的武器与野兽搏斗，人类在聚落周围挖环壕的最初目的就是为了防御野兽的袭扰。客观地讲，在野兽出没频繁的地区如果没有环壕，当地的居民就没有办法生存，环壕不但解决了野兽的袭扰，同时还能防止家畜的走失。

目前考古发现的早期环壕的规模较小，仅仅能抵御野兽和防止家畜走失，对于抵御外敌显然不能起到有效作用。由此看来，中华民族的上古环壕，主要作用是预防野兽。其根本原因在于，当时的社会经济与物质基础的状况亦没有频繁发动掠夺战争的必然性。因此，无需开挖或修筑专门用于防御战争的工事。

进入新石器时代以后，农耕与定居的生活方式，导致人口较快地增长，意味着更加密集居住的人群之间开始出现贫富差别、阶层分化和资源紧缺。一方面，为获取和满足生存的欲望，逐渐出现氏族、部落间的冲突和掠夺。如此一来，为争夺资源或其他原因发生更大规模战争成为可能。另一方面，随着生产工具的普及和改良，具有锋刃的生产工具被用于人类的互相残杀。后来，随着生产力的进一步发展和私有制的萌发，不仅促进了原始社会的解体，也助长了部落联盟之间不断发生激烈而残酷的原始战争。

这一时期，敌对双方"全民皆兵"，报复、偷袭无处不在。为防御外族部落入侵，开始在村寨周围挖掘壕沟，设立哨所警卫。比如，仰韶时期的村寨聚落，村寨周围设有环壕；半坡遗址的聚落，甚至具有二重环壕结构，更加有利于村寨的防御，另外聚落外围还设有哨所。一句话，新石器时代众多有环壕的防卫型聚落出现。

相比早期环壕，这一时期出现的壕沟明显更宽更深、防御功能更为全面，不仅能够有效地抵御野兽攻击、防止家畜的走失，而且能够成功防御敌人的进攻。具体来看，壕沟在抵御敌人进攻上确实具有多重作用：壕沟的存在意味着进攻者要首先跨越壕沟才能接近防御阵地。这样一来，进攻者的攻击距离就被有效地拉长了。对于攻击者来说，他们需要在壕沟边缘停下，然后寻找方法越过壕沟，这个过程中不仅要面对壕沟本身的障碍，还要承受来自防御方的攻击；防御方能够在敌人接近时提前做出反应，并在有利的位置进行战斗，这无疑又增加了进攻者的行动难度和危险性。

另外，当原始人开始认识到武器的作用，并有意识地修建壕沟作为防御手段时，这标志着主动防御思想的初步形成，意味着防御方采取了主动出击的策略，而不仅仅是被动防守。其核心在于通过挖掘环壕来创建一个外围防线，以保护内部居住地的安全。环壕的设置意味着防御方还具有了能够人工设置障碍物的能力，有目的地来改变战场环境，有效地增加攻击者的进攻难度，从而达到更有效地抵御敌人进攻的目的。

与此同时，还有一个现象值得我们关注，在这些规模较大环壕聚落出现的同时，小型环壕聚落依旧存在，如姜寨聚落壕沟的宽和深均在一米之间，同时还有大量的无壕聚落。这一现象充分说明，仰韶时代晚期聚落之间已经存在明显的层级分化。正因如此，通过考古发掘环壕的深度和宽度可以用来判定其功能和聚落周围的基本态势。

简而言之，环壕的原始功能是抵御野兽的袭击和河湖水暴涨的威胁，后来随着氏族部落之间冲突加剧，环壕、聚落开始由防御自然威胁向抵御敌对势力入侵的功能转变。

进入新石器时代晚期，人类逐渐熟练地掌握了磨制石器的技能，能磨成较锋利的石质工具，同时也提高了用石质工具加工木器、骨器的技术，为制造兵器积攒了技术与条件。后来，随着原始战争日益频繁而激烈，具有锋刃的生产工具已经无法满足作战需要，人类开始设计和制造专门用于杀伤和防护的特殊用具，专门用于作战的兵器逐渐与一般生产工具分离开来。当时由生产工具转化成兵器的主要有：用于远射的木质或竹制的单体弓和装有石质或骨、角、蚌质箭镞的箭（在山西朔县峙峪旧石器时代遗址就曾出土过一枚石镞，说明中国境内三万年前的旧石器文化已经在使用弓箭进行狩猎了。不过，弓箭被大规模用于战争，还是新石器时代以后的事），用于扎刺的石矛或骨矛，用于劈砍的石斧、石钺，用于砸击的大木棒和石锤，用于勾砍的石戈以及石质或骨、角质的匕首等。此外，可能还使用了原始的木弩，以及可以抛发石弹的"飞石索"等。

武器装备的每一次跃升，都会推动筑城形态的变迁。适应飞石、弓箭、木弩等远距离攻击武器的出现，环壕聚落也再一次得到发展升级。为应对远距离攻击，将敌人尽远阻止，人们聚落选址时更加注重防御设施的构筑，更加注重天然地形优势的利用，并开始注重障碍物的设置。比如，考虑需要挖掘聚落外围的环壕，尽量选择适宜挖掘的土质；为提高尽远防卫能力，人们又逐渐学会了人工设置障碍。比如，起初的设障，就是在居住点的周围伐树埋桩，构筑栅栏，形成一种被称为封树的防卫体系。

随着阶级矛盾的发展，作战范围、规模日趋扩大，单靠封树御敌特别是在缺乏森林的地区非常困难。于是，人类便想出了堆土垒石，构筑土围子的办法，形成一种被称为土墉的防御设施（在考古发掘过程中就发现有在壕沟内侧有土围子的。经考古证实，"土围子是和壕沟配套使用"的，考古学者称之为"环壕土围"),有的部队还在土墉的四周,挖沟、灌水,使其不仅具有了排水的功能,而且使敌人更加难以攻克。后来,经考古研究发现,其实"土围子"是挖壕沟时的土堆积而成,但没有明显的夯筑痕迹。不过在那个时代,这些还算不上"城墙"的"土堤",却起到了城墙防御的作用,成为壕沟到城墙的过渡形态。后来,随着社会经济和政治的变化,聚落的形态和结构再次发生变化。在一些地区的环壕聚落中,出现了夯土建筑基址等重要的建筑设施,即城墙(早在龙山文化时期,齐地就出现了我国最早的城)。

总体来说,原始战争时代,筑城大体经历了"环壕聚落—土围聚落—城堡—早期城市"的演变过程。这个过程既是应对自然环境和社会阶级矛盾分化的过程,也是制式兵器与生产工具逐步脱离催生的过程,还是适应战争萌芽、诞生、激化、升级的过程。

冷兵器战争:刀枪剑戟与城池长城

冷兵器战争时代,筑城的主要形态为城池。

随着历史的长河向前流动,各部落间贫富差距加大,各种冲突、斗争频繁发生,环壕聚落、土围聚落这些带有防御特征的聚集区又得到进一步的发展,逐渐形成了城池的雏形。具体来讲,锋刃的冷兵器出现后,进攻方的攻击力明显增强。仅靠原来的环壕土围难以有效抵抗进攻。后来,人们在挖掘环壕聚落外围环壕时，发现将挖出来的土堆在环壕内侧更有利于防卫。比如，可以增强环壕的防御强度，阻挡攻城的抛射武器，增加敌方翻越环壕的难度，使环壕内的人们有可以躲避的防护墙体。针对松散的土堆很容易被风雨侵蚀塌陷，人们又发现通过拍打土堆可以使土堆得更高、更稳固，这样构成城池最显著的特征——城墙，就应运而生了。

古代城池的形成，可以追溯到新石器时代晚期。随着人类社会的发展，人们开始在居住区周围建造城墙和护城河，以保护自己的生活区域。这些早期的城池大多是以土块和木栅围筑成的简易城墙与简单的护城河组成。

到了商代，随着城池的发展，城墙的建设逐渐得到加强和改进，城墙高度也有了显著提高。春秋战国时期，各国互相攻伐，城池的建设更是达到了前所未有的高度（城墙高度可达10米以上，有的甚至达到20米左右）。这个时期，城池的建设除了考虑便于人们生活，更多地考虑了军事防御的需要。此后，城池的建设和发展不断完善。到了明清时期，城池的建设除考虑军事防御意义外，开始更多地考虑城市规划、景观效果和文化意义，城墙的高度也逐渐减少。

古代城池的形成是随着人类社会的发展和战争的需要而逐渐发展和完善的。起初，城池的建造主要出于防御的目的。鉴于护城河可以阻止敌军接近城墙，因此设计城墙和护城河时需要考虑怎么能够抵御来犯的敌人。比如，确定城池选址时需要考虑地理位置、地形和气候等因素，通常选择地势较高、水源充足、易守难攻的地形地势。

古代城池的布局通常比较规整,按照不同的功能和区域进行划分,如宫殿区、商业区、居民区等。同时,城池内还会设置城墙、护城河、箭塔、角楼等防御设施。

当然,不同历史时期的城池建设有着不同的特点和风格,这些特点反映了古代人们对城池建造的认识和追求,同时也反映了当时社会的政治、经济和文化发展水平。

古代城池的建筑材料主要包括土、砖、石等,这些材料易于就地取材,且能够满足基本的防御要求。城墙的建筑工艺也从夯土城墙变为砖包土城墙,石头多的地区也采用石块包土城墙进行加固,最后发展成砖石城墙。

冷兵器时代,城池的作用非常重要,它不仅是政治、经济和军事的中心,也是保护城市及其周边地区的重要屏障。战争中,攻占城池异常重要,某种程度上控制了城池就意味着掌握了战争的主动权。正因如此,冷兵器时代城池的攻防成为战争中的重要一环。

纵观城池的历史演变,其建立发展与冷兵器的出现发展之间有着千丝万缕的联系,两者相互依存、相互促进、互为一体。一方面,拥有冷兵器的进攻方使原始城邑显得难以招架,促进了城池的建立和发展。另一方面,为抵御杀伤力更强更远的弓箭、抛石机的进攻,人们将城墙堆得更高、更厚。并利用城墙的高度和厚度居高临下对敌军进行射击和投掷武器(弓箭、弓弩、抛石机等),同时城墙的倾斜度和外围城池也可以阻止敌军接近和攀爬城墙。所以,在设计城池结构时,既需要考虑如何防止敌冷兵器攻击,又需要考虑如何使用冷兵器进行防御。

随着战争实践的检验完善以及筑城技术的不断进步,城池的建筑结构和防御手段也在不断发展和改进。春秋战国时期,城池开始出现瓮城、吊桥、马面、箭楼、箭塔等防御设施,这些设施的使用能够有效抵御敌军的进攻。

比如,马面是一个从城墙向外侧伸出来的方形城墙墩。士兵站在马面上拥有更宽广的视野,便于观察周围情况,且利于作战。同时,马面也像支腿一样对长长的城墙起到支撑和加固作用。有的马面上还建有敌楼,两个马面敌楼之间的距离一般是两个弓箭射击距离的总和,这样两侧马面上的士兵将对下面的攻城者形成无死角的射击范围。比如,箭塔是城墙防御体系的重要组成部分,通常建在城墙或城门上,它的高度能够让守军俯瞰城墙周围的情况,及时发现敌人的动向,让守军有足够的时间提前进行防御准备并进行射击。另外,箭塔上设有箭眼,守军可以通过箭眼进行射击,有效地阻止敌人的进攻。再比如,与守军利用箭塔进行进攻与防守相对应,进攻方也相应地制作了攻城塔进行反击。攻城塔是一种高大的木塔,可以容纳大量的士兵和武器。攻城塔靠近城墙时,士兵可以通过塔顶的开口向城内射击或投掷火球等武器。类似的还有投石车,也是一种用于远距离投掷石块的武器,可以用来破坏城墙、箭塔等目标。

战国时期,燕、赵、魏、秦各国征伐不断,纷纷不断修筑、完善各自城池、城墙,以抵御别国的侵略。秦始皇统一六国后,将燕、赵、秦的城墙连接起来，形成了举世闻名的"万里长城"。冷兵器时代，与城池配合使用的另一新型筑城形态——长城出现了。

长城的主要作用是军事防御，长城沿线是中原王朝与游牧民族的分界线，也是农业经济与畜牧业经济的分界线。长城的修建为中原王朝在边境地区开发屯田提供了条件，同时也保护了屯田免受北方游牧民族的侵扰，使得中原王朝能够更好地掌控边境地区，防止游牧民族的渗透和侵袭，保障了中原地区的安定和繁荣。长城依靠连绵不绝的墙体不仅能将北方游牧民族阻挡在高墙之外，而且其巧妙的构造可在战时发挥更为完备的军事作用，当然同时也展示了古代中国人民的智慧和才能。

比如，长城上每隔一段距离就设有一个烽火台，用于传递军情信息，可以起到预警的作用。当发现敌情时，守军会在烽火台上点燃烽火，将消息迅速传递给其他烽火台和驻军，使其他军队能够迅速做出反应，起到了及时发现险情并将突发状况通知到周围一定范围内的军队实施增援的作用。这种信息传递方式在当时非常有效，大大提高了应对外部威胁的能力。

长城上除了设有跟城墙上一样的箭楼外，在重要节点上还设有敌楼。敌楼是长城上规模较大的防御性建筑，通常位于长城的沿线，起到基本的防御和观察作用，内部设有住所、仓库等设施，可以容纳一定数量的守军。敌楼通常中空并四面开窗，根据窗洞的数量，有三眼敌楼、四眼敌楼等。敌楼的规格和设计根据其所处地理位置的重要性和战略价值决定，三眼楼和四眼楼是长城上最常见的敌楼类型。然而，在一些特别重要的关口或战略要地，为了增强防御能力和观察范围，会建造规模更大的敌楼，如五眼楼、六眼楼等，甚至最高规格的九眼楼。这些敌楼的设计更为复杂和精细，通常会配备更多的防御兵器和守军，以应对可能发生的冲突。北京四海镇的九眼楼就是长城敌楼中的佼佼者。敌楼上层有时还建有房屋，通常供军官居住。有些敌楼的上层甚至设计成平台，守城士兵可以站在上面瞭望敌情。总之，敌楼的设计充分考虑了攻防作战的需求，结构比城墙上的其他部分更为复杂和坚固，既有利于守军进行防御，又可以在必要时进行反击。

长城修建的位置也很讲究，通常修建在崇山峻岭上地势较高的位置。如果双方交战，防守方具有很大的优势。攻城方即使想尽办法越过长城，那也要遭受巨大的损失。此外，长城还是一个良好的军队资源运输通道，它不仅有高高的围墙保护，而且是用石块建造而成，道路十分平坦，便于运送物资，使得中原王朝在军事行动中有了更深厚的底气和更广阔的战略空间。

总之，长城作为一道贯穿中国的绵延防线，在冷兵器作战时代发挥了巨大的作用，帮助人们实现了向往和平安宁、远离战乱侵扰和国家统一强大的美好愿望。

综上所述，城池和长城的主要功能都是为了防御，都是为了保护内部居民和领土不受外部威胁的侵犯，充分彰显了古代中国重视国家安全、自卫防御、爱好和平的思想观念。在城池和长城的位置选择和结构设计上，既充分考虑了地形、交通和战略需要,又善于利用自然环境,注重以最低的成本实现最大限度的防御效果,充分彰显了古代人们的军事智慧。

热兵器战争:火枪火炮与炮台要塞

火器的出现彻底改变了人类的历史进程,也改变了筑城的发展方向。在冷兵器时代,虽然后期也发展出巨型的投石机、攻城锤等破城武器,但始终对城池无法构成致命威胁,不足以改变城池筑城体系的发展方向。你投石机、攻城锤厉害?好,我就把城墙做得更厚,这恰好进一步推动了城池向高大上方向发展。但是进入热兵器时代,情况就不一样了,火炮可以对城墙造成比较严重的破坏,相比于冷兵器时代的投石机等武器,其体积更小、威力更大,射程、射速也不可同日而语。此时,城墙做得更高更大有意义吗?是不是反而增大了着弹面积?城墙会如何变化发展呢?所以自此城墙逐渐变得低矮以减小被火炮打击的概率,同时厚度进一步增加。另一方面,守方也可以引入火炮,以居高临下之势攻击更远的目标。这样一来,原来的城墙逐渐变矮、变厚,并出现了专门的炮位,就形成了炮台。处在战略要地的多个炮台相互联合又形成了炮台要塞。

炮台要塞的演变过程可以追溯到明代的海防卫所城池体系。在明代,为了防御外敌入侵,中国开始在沿海和江河沿岸构建卫所城池体系。这些城池体系以防御为主,主要通过城墙、角楼等加强防护。然而,到了19世纪,由于殖民主义者采用了威力大、射程远和命中精度高的枪炮,导致以防御为主的海防体系不再起作用,因此我国开始逐渐采取炮台要塞式筑城体系。

炮台要塞的设计和建造主要是在嘉庆年间开始的。防御的一方,将城墙变矮加厚,将护城壕加深拓宽,尽量使城池的核心区域处于敌方进攻火力的射程之外,将原来城楼高度降低、直径增大,使之演变为炮台。所以在这个时期,炮台要塞开始采取分散配置、降低城墙的高度、增加其厚度的方式,以加强防护力。这样就形成了在海防、江防、边防和纵深要地,构筑炮台和障碍物等设施,储存充足作战物资,供守备部队长期坚守、独立作战的防御工程体系——炮台要塞。每个炮台要塞由若干个具有完善筑城设施、便于独立作战并能长期坚守的炮台组成。这些炮台分散配置在要塞中,便于对付密集的炮火,提高要塞防护能力。

炮台要塞坚固的防御工事,以及大量部署的火枪火炮,可形成加强型防御工事。战斗中,试图靠近的敌军很难招架得住火枪火炮的密集火力打击,突破守军的防线更是难上加难。海战中,炮台要塞上的火枪火炮可以对敌方舰船进行远距离打击,破坏其舰体结构、摧毁其武器系统并造成人员伤亡。这种火力打击不仅可以有效削弱敌方的战斗力,而且可以有效阻止敌军的进攻,为取得胜利创造条件。

随着火炮技术的不断发展,炮台要塞的设计和建造也逐步完善。一是注重炮台位置的勘察选择。一般在军事战略要地设置炮台要塞，各炮台疏散配置的位置都是选择在能坚守要塞、便于打击敌人、利于伪装的有利地点，并优先选择构筑在高地、山脊、河岸等地形险要、易守难攻的地方，这些地形能够提供天然的掩护，增强防御能力。二是注重要塞内部合理配置。整个要塞中若干个能独立作战的炮台能够覆盖一定的作战区域，同时相互之间有交叉火力，形成有屏障、有前沿、有纵深，相互之间参差错落、互成犄角的防御体系，以有效防止敌方突破。三是注重形成广阔的火力覆盖范围。能够对敌方进行有效的火力压制和打击，确保在战争中占据火力优势；能够控制关键通道、海峡、河流或重要城市，确保能够保持战斗力并能长期坚守。总之，这种防御体系在作战中能集中火力互相支援和掩护，便于兵力机动、火力交叉、多方位打击敌人，从而构成一个能发挥整体作战力量的完整体系。

在近代史上，炮台要塞的角色被定位为一个重要的军事防御设施，主要在沿海或江河沿岸的山丘或高地上建造，用于保护沿海、江河沿岸的城市或港口免受敌方攻击，防止敌方登陆或渗透到城市或港口附近，同时也可以对敌方进行火力打击和封锁。在战争中，炮台要塞可以作为一个重要的战略要地的防御手段，保护关键设施和战略资源，为作战提供重要的支持和保障。后来随着时间的推移，炮台要塞的设计和建造技术不断发展和完善，成为重要的军事防御体系。

一部筑城史就是一部战争史，一部炮台要塞发展史就是一部中国近代战争史。在中国近代，围绕炮台要塞军事防御体系演绎了一场又一场令人唏嘘与警醒的战争。

在我国与炮台要塞密切相关的战争当属鸦片战争了。这场战争的爆发，主要原因是英国为扩大海外殖民地和商品市场，迫切希望打开中国的大门，而清政府的腐败及国力的衰弱，又为英国发动战争提供了可能。虎门销烟作为直接原因，进一步加剧了中英之间的矛盾，最终引发战争。

到了1900年春季，义和团运动激化了中国与外国列强之间的矛盾，进而触发了八国联军的侵华战争。最初，八国联军是从天津的大沽口登陆的。一支先遣队登陆后，很快就占据了天津的军火库。由于这个军火库里全是从国外进口的武器，这支先遣队就是靠着这个军火库里的武器与清军对抗到大部队的到来。

那么大沽炮台为什么会被攻陷？首当其冲就是清军指挥不力。清政府内部对于是否开战举棋不定，态度不明确，导致荣禄等人不敢擅自发兵；清军指挥官缺乏经验和能力，无法有效地指挥和协调部队的行动；守卫炮台的淮军将士只有三千人，兵力薄弱，且海军没有配合，无法形成有效的战斗力；在战斗中，清军没有充分利用地形和防御工事，也没有采取有效的战术和策略来对抗联军的进攻。其次，双方实力相差悬殊。当时联军拥有先进的武器装备，包括现代化的枪炮和战舰，而清军主要依赖传统的弓箭、刀枪和大炮等武器；受限于经费，炮台虽然有一些新式海岸炮，但数量和弹药也非常有限。再者，大沽炮台的设计也存在缺陷。炮台之间的距离过近，无法形成交叉火力，容易被敌方突破，也容易被敌方集中火力摧毁。加之清军士兵普遍缺乏信心和斗志，对战局感到悲观失望，这在一定程度上影响了他们的战斗力和士气。

反观联军，他们采用了先进的战术和策略，包括集中火力攻击一点、使用舰炮进行远程打击、派遣突击队登陆等，这些战术和策略有效地削弱了清军的防御能力，联军各部队之间配合默契，行动协调一致，形成了强大的战斗力，这些因素共同作用导致了清军的失败和炮台的陷落。

第二次鸦片战争期间，英法联军从东南沿海一路北上，直抵天津、北京，使得清王朝的统治者深刻感受到了来自海上的巨大威胁。当清王朝的精锐部队——僧格林沁率领的三千蒙古铁骑，在与数百英法联军的交锋中遭受惨重损失，几乎全军覆没时，彻底粉碎了清王朝长期以来的"重陆轻海""弓马定天下"的军事理念。这一事件让清王朝认识到：适用于冷兵器时期城池间攻守互搏的传统骑兵和弓箭已经无法有效对抗热兵器时期的火枪火炮了。

综上所述，与以往攻城掠地的战争不同，炮台要塞的出现也彻底改变了战争形态和作战方式。炮台要塞出现之前，战争主要是在开阔的场地或者城池之间进行，军队的部署和调动比较简单。但炮台要塞出现后，面对密集的炮火和交叉火力，作战时军队需要更加精密的部署和协同。此外，炮台要塞的建造对敌对双方的攻防策略也产生了重大影响。一方面，在攻击炮台要塞时，军队需要面对密集的炮火和强大的防御工事，这使得攻击变得异常困难和危险。另一方面,在防守炮台要塞时,军队可以利用要塞的防御工事和交叉火力,有效地阻止敌方的进攻。

机械化战争:飞机、坦克与道带阵地

阵地战的形成原因有很多,其中包括新式武器的出现、战争规模的扩大、战术和技术的发展等。新式武器的出现使得战争更加依赖于技术和装备的优势,而战争规模的扩大则需要更为周密的战术和技术的支持。交战双方对于优势火力、机动能力和作战意志的竞争也推动了阵地战的发展。

在阵地战中,军队往往在相对固定的战线上进行攻防作战,利用防御工事和火力打击敌人。在第一次世界大战中,阵地战成为主要作战形式。由于当时武器装备技术相对落后,参战国的军事战略基本上都是以消耗战为主,战争基本是堑壕、铁丝网、机枪火力点构成的防御体系。在经过一段时间的拉锯战之后,由于战壕的长度和深度逐渐增加,进攻的一方往往会在人力和物力上逐渐耗尽,而防御的一方虽然被动状态,但仍然可以依靠工事进行抵抗。

然而,随着武器技术的进步,飞机和坦克等新型武器逐渐投入战场。这些新型武器的出现彻底改变了传统阵地战的战术思想,也对后来的战争造成了深远的影响。

1909年,飞机开始应用于战场。1909年,美国陆军装备了世界上第一架军用飞机。1911年10月23日,意大利在和土耳其作战时,第一次使用了飞机。随后,军用飞机在德、英、法等欧洲国家得到了迅速的发展。当然,飞机最初在战场上主要用于侦察和通讯,但不免与敌方飞机相遇,当时的飞行员不得不用随身携带的步兵武器进行互射。为此,各国纷纷在飞机上加装杀伤力较强的机关枪,这就出现了主要用于空中格斗的飞机——歼击机,不久又出现了主要用于打击地面目标的轰炸机。

两次世界大战期间,飞机逐渐成为军事行动中不可或缺的一部分,为战争形态和作战方式带来了一系列创新和突破。比如,飞机具有高度的机动性和强大的火力,可以对敌方阵地发起突然袭击,摧毁其防御工事和有生力量。同时,飞机还可以进行空中侦察和情报收集,为地面部队提供重要的情报支持。一句话,飞机在阵地战中扮演着越来越重要的角色。

作为陆战之王的坦克,集火力和机动性于一体,可以在短时间内穿越复杂的地形,迅速突破敌方防线,为后续部队开辟前进的道路。坦克的出现使得地面部队的作战能力得到了极大的提升,同时也对敌方的防御体系造成了严重的破坏。

第一次世界大战期间,坦克首次亮相于战场。1916年,英国在索姆河战役中首次使用坦克,凭借其强大的火力和机动力,突破了德军的防线,使德军溃不成军,打破了双方僵持的局面。第二次世界大战中,坦克更广泛地应用到战斗中,不仅成为战争中的主力战斗车辆,而且对整个战争面貌、作战理念、作战样式带来了革命性冲击。比如,战争初期,利用坦克的快速机动和强大突击性能，德国的坦克集群如秋风卷落叶般横扫整个欧洲战场。同时，为抵冲德国进攻优势，英国和苏联等国家也在战争中大量使用坦克。

综上，鉴于飞机的全覆盖立体进攻、坦克的快速连续突击以及飞机和坦克的地空协同，进攻方可以在战场上实现快速移动、快速抓住战机、快速突破防御体系、快速扩大战果，一时间传统阵地在防御上显得捉襟见肘。无论是古德里安、隆美尔，还是沙龙等著名的指挥官，都在强调"进攻，进攻，再进攻"。

为了躲避飞机空中侦察打击，抵御坦克的机动突击。传统集中固定式阵地开始向分散多道带阵地方向演变。

从阵地构成来看，一般来说多道带（防线）阵地包括外层防线、中层防线和内层防线等不同层次。外层防线主要用来阻止敌方大规模进攻，中层防线主要用来迟滞敌方进攻速度，内层防线主要用来消灭敌方有生力量和保卫核心区域。在多道带（防线）阵地中，不同防线之间的距离和位置需要进行科学设置，以确保相互之间的有效支援。同时，每个防线的位置也需要根据战场形势和敌情变化进行适时调整，以便更好地应对敌方攻击。同时，多道防线阵地更加重视工事构筑和障碍物设置，以便更好地阻击敌方人员和装甲集群的进攻。阵地内，士兵通常利用地形、地物、工事等来掩护自己，一方面用以躲避飞机的空中侦察打击，另一方面利用工事的坚固性和隐蔽性，以便更好地保护自己对来袭步兵实施狙击、阻止和火力压制。

此外，在阵地前方和侧翼根据地形情况、土壤质地、植被等自然条件设置障碍物和陷阱，如铁丝网、三角锥、桩砦、防坦克壕、地雷场等，迟滞敌方步兵和坦克进攻。当然，也可以利用地形，如洼地、泥泞、流沙、河流、山坡等设置障碍，限制敌方步兵和坦克的行动，使敌方陷入困境。同时，对阵地上的筑城工事和障碍物，使用原有植被和原有土质进行伪装，以降低被敌发现打击的概率。最为重要的是，多道防线阵地之间能够相互依托、相互支援、相互配合，形成强大的防御体系，确保敌人无法轻易突破。另外，依托多道带防御体系，各阵地指挥员能够及时沟通信息，协调行动，以更好地应对各种突发情况。

从战争实践来看，"一战"时期，出现了多道带堑壕战，交战双方通过挖掘大量的堑壕，据此对峙，大量杀伤消耗对方，典型的战役就是德法之间的凡尔登战役，当时双方陷入胶着状态的堑壕战，伤亡近百万人，被称为战争的绞肉机。1916年，德国又将多道带防线延伸拓展为由前哨区、主作战区、后方区构成的大纵深防御体系。前哨区，主要用于部署少量警戒预警力量，用于观察干扰敌军；主作战区纵深达1 500～2 000米，主要是依托战壕系统割裂敌进攻队形、迟滞敌进攻速度；后方区主要布置火炮和预备队，一方面利用火力对进攻前哨区和主战区的敌军实施火力杀伤，另一方面预备队在战壕中躲避敌侦察与炮火打击，待敌人达到进攻顶点后实施反攻。这种弹性防御模式在1917年得到实战检验后，"二战"中基本成为德军的标准防御模式。无独有偶，"二战"时期苏军也强调建立多道带、大纵深的防御阵地体系。比如，苏军在莫斯科以西建立了300千米纵深梯次配置的多道带防御体系，阵地体系内反坦克支撑点与步兵阵地紧密结合，地雷场、高射炮兵阵地镶嵌其中，对德军形成多方向、多层次的密集火力杀伤网，给德军造成几万人的杀伤，有效挫败了德军的闪电战。再比如，朝鲜战争期间，中国志愿军之所以能够打败武装到牙齿的美军，除了中国志愿军"钢少气多"、美军"钢多气少"的原因外，中国志愿军善于利用地形构筑多道带阵地体系，以隐蔽保存实力和阻止杀伤美军，是不可忽视的重要原因之一。

当然任何作战效益的取得，都需要一定条件做支撑，想要取得多大的作战效益，就需要投入与之相应的作战成本。多道防线阵地虽然可以提高阵地的稳定性和生存能力，但是构建多道带防线阵地需要大量的人力和物力资源，包括工事构筑、障碍物设置、火力配置等。这些资源在战争时期往往非常有限，成本也相对较高，而且构筑周期较长。比如，众所周知的马其诺防线构筑时间历时长达 12 年（1928—1940），动用炮兵、工程兵、步兵等大量部队，消耗 132 万吨水泥、15 万吨钢材、700 万吨沙石，花费高达 2 000 亿法郎，消耗法国那段时期将近一半的军费。再比如，德国的齐格菲防线构筑时间历时 3 年（1936—1939），使用混凝土 931 万吨，钢铁 35 万吨，耗资为马其诺防线的 3～4 倍。当然，以上例证只是为了说明构筑多道带防线的难度与高昂成本，并非说明所有的道带阵地都会达到如此规模。

有什么样的进攻行动，就需要什么样的防御体系。翻开两次世界大战史，在飞机狂轰滥炸、坦克重火力突击的机械化战争年代，凭借多道阻隔、相互支援、兵火一体的阵地配系，多道带防线阵地为防御方保存自己、抵御进攻、杀伤敌人发挥了举足轻重的作用，在筑城发展史上留下了浓墨重彩的一笔。并且从某种程度看，至今多道带防线阵地仍旧在战争舞台上熠熠生辉。

信息化、智能化战争：精确制导与筑城形态

当历史的指针进入世纪之交，侦察监视卫星、精确制导导弹、计算机指挥信息控制系统等各型高新技术武器装备涌现战场，网络战、电磁战、心理战等新的作战行动成为决定战争胜负的重要因素，战争呈现信息主导、火力主战、空间多维、节奏加快、时间要素升值的特点，战争形态迈入信息化战争。近几年，随着人工智能技术的兴起和向军事领域的渗透，无人机、无人艇、无人战车等无人作战装备逐步走向战争舞台中央，无人自主侦察监视、无人自主判断决策、无人自主打击评估等成为作战行动的新标识，战争形态进入信息化战争方兴未艾、智能化战争扑面而来的新阶段。

不得不承认，近几十年武器装备、作战行动、战争面貌着实发生了一场又一场革命性变革；不得不承认，面对一代又一代武器装备革新、一个又一个新型作战样式、一次又一次战争形态演变，筑城这一战争之盾着实有些跟不上节奏。不夸张地讲，现在武器装备的信息化、智能化水平已经到了"侦察即发现、发现即

打击、打击即杀伤、杀伤即摧毁"的程度；不夸张地讲，现在只要进攻方想打，基本没有打不毁的工事，尤其是野战工事。换句话说，机械化战争时代的阵地筑城体系在现在武器装备面前已经根本不是对手；过去的构工方式、构工速度也根本适应不了现代战争广域快速机动的作战节奏。换句话说，现代战争中如果还按照常规的筑城方式，有可能作业还未展开，就已经被敌发现被敌打击了，有可能防护墙还未筑成，军队又要机动转移了。

那么问题来了，适应现代战争的新面貌、新特点，未来筑城应该怎么发展，什么形态的筑城才是未来战争所需要的？

未来筑城工事应更加小型化设计、分散化部署。当前很多指挥员为便于指挥、便于工作、便于休息，骨子里就认为筑城工事尤其是指挥机构掩蔽部越大越好，可以放置大屏幕、大沙盘、开大会议，很少关注指挥机构掩蔽部的抗力等级和安全问题。殊不知，衡量指挥机构掩蔽部等筑城工事的第一标准不是舒适度而是生存度。理论上讲，筑城工事越大，所需要人力、物力越多，构工时间越长，越容易暴露，遭敌打击毁伤的概率也越大。另外，同样的材料工事越小抗力等级越强，同样工事越大抗力等级越弱。所以，筑城工事绝对不是越大越好，而是越小越好。再者，当前很多指挥员为便于开会、便于通联、便于管理，通常会将各个指挥要素集中开设、集中部署，很少关注这种部署方式会给指挥机构的生存带来什么问题。殊不知，现在武器装备的杀伤力越来越强，暂不提其他大当量杀伤武器，仅一发普通的美军155毫米杀伤榴爆弹爆炸后，毁伤范围就可以达到半个足球场，试想如果过于集中部署，一发炮弹将有可能将整个指挥机构毁于一旦。另外，现在的精确制导武器确实越来越多、打击精度也越来越高，但成本也相当高昂。在一场战争中，任何一个国家都不可能全进程全范围使用精确制导武器。如此一来，即便面对精确制导武器的打击，通过将筑城工事分散化部署也能大大提高筑城工事的生存率。

未来筑城工事应更多地采用高强、轻质、多功能等新型材料，以提高工事的强度、耐久性和多功能性。比如，利用碳纤维复合材料建造的工事具有重量轻、强度高、抗腐蚀等特点，能够大大提高工事的耐用性和适应性；有一种蜂窝芯材，整体结构类似蜂窝，其内部由坚硬的面板和中间空气层组成。与其他材料相比，这种材料保持强度的同时，重量大大减轻，受到外力时又能均匀分散承载，另外还有隔热、保温效果，可以考虑用以筑城工事的构建。再比如，新材料之王——石墨烯，在厚度只有头发丝20万分之一时，强度却能达到钢的200倍，是当前世界已知的最优轻质高强材料，现已广泛运用于航空航天领域。试想如果用这些新型材料构筑工事，构工速度、转移速度、抗力等级是不是将会成量级式跃升？

未来筑城工事应更加注重高效建造与快速部署。随着战争节奏的加快，对筑城工事的快速建造和快速部署能力提出了更高的要求。一些新的构筑方法，如3D打印技术、模块化组装方法等将被广泛应用于筑城工事的构建中，实现工事的快速建造和部署，提高其在战争中的响应速度和作战效能。比如，伊拉克战争中，美军在阿富汗的军事基地使用了艾斯科防爆墙构筑工事。这种防爆墙由美国艾斯科公司制作，艾斯科防爆墙的外围是网状的镀锌钢，内胆由聚丙烯材料制成，构筑时使用少量人员将网箱展开，并将其放在想要建工事的地方，而后使用铲车进行装填即可。相比之前士兵手工装填构建阵地的作业方式，使用大型工程机械向艾斯科防爆墙单元内部装填土石这种作业方式不仅作业便捷，大大减少作业成本，而且作业效率要高出十倍、几十倍。据测算，使用这种方式，一昼夜就可以建起使用传统材料和施工方法需要几周甚至一个月才能建起的基地、营房等设施。

未来的筑城工事将更加注重智能化感知和自适应能力的形成。正如前文所述，现代的侦察打击技术已经高度信息化、智能化，具备无人自主侦察、无人自主判断、无人自主打击、无人自主评估。与之对应，防御体系也必须朝着信息化、智能化方向，实现智能自主感知、智能自主拦截、智能自主适应。比如，可在筑城工事周围安装光学、红外、雷达、多光谱等智能感知设备，当炮弹、导弹、无人机等来袭目标接近筑城工事时，能够自主感知目标类型、数量、袭击方式、杀伤性能等威胁信息；筑城工事的结构设计、结构功能要运用自适应技术，要能够根据环境、温度、来袭目标威胁等，进行自适应变色、自适应变形、自适应调整工事方向和抗力等级；筑城工事可采取反应式遮弹层设计，当来袭目标接近时，通过发射电磁信号诱偏来袭目标，通过发射巡飞弹、无人机拦截来袭目标，使来袭目标打不着、打不上，变过去的被动挨打式防护为主动出击式防护，即借助信息技术、智能技术提高工事的生存能力。比如，美军就十分注重智能化防御工事的构建，运用自主式武器系统、智能雷场和无人机巡逻等技术手段，提高防御的智能化水平。这些智能化防御工事能够自主探测、识别和打击敌方目标，有效提升防御的效能和反应速度。

未来筑城工事应更加注重防护与伪装的融合。工事的防护能力是保护人员和装备安全的关键，伪装能力是隐藏工事和保护作战行动的重要手段。防护是为了让敌人打不毁工事，伪装是为了让敌人看不见工事。在工事生存能力的贡献率上，从某种程度上伪装的作用丝毫不亚于防护的作用。要想提高筑城工事的生存能力，绝对不能单纯就防护论防护，而应高度重视伪装的作用，并将防护与伪装有机融合。比如，确定筑城工事位置时，仍然可以选择山地、居民楼、高架桥、地下空间等隐蔽性、欺骗性较强的地形地势和民用设施；作业过程中，仍然需要注重声、光、电、人员活动、车辆活动等目标暴露征候管控；构筑阵地或筑城工事时，仍然需要真假结合，隐蔽真实阵地部署；制造设计筑城工事时，可以选择使用本身具有防光学侦察、防红外侦察、防雷达侦察的隐形材料，使筑城工事即便不覆土直接架设在地上，也应具有隐身能力；利用虚拟实现增强现实技术，对真实阵地进行变形投影，使之与周围环境融合一体，在其他地域投影成像要素丰富、颗粒感可触的裸眼3D假阵地，使来袭方真假难辨。

未来筑城工事应更加注重新能源技术的应用。在信息化智能化武器装备与指挥控制系统普遍运用的今天，当前地下部署的筑城工事绝不是简单的藏身之所，而是必须能够满足指挥、通信需求。换句话讲，必须能够确保筑城工事内的通信设备、指挥控制系统、武器装备正常工作。而要确保这些设备设施正常工作，就必须有能源支撑。但使用发电机发电的传统供能方式不仅功率低，而且会一直次生噪声，形成暴露征候。因此，未来可将新能源电池、太阳能、风能等可再生能源应用于筑城工事的能源供应中，以降低对传统能源的依赖，提高战场能源供应的稳定性和可靠性，提高部队在地下工事的长期生存能力。

适应信息化、智能化战争的新要求、新特点，需要什么样的筑城形态、未来筑城应该怎么发展是一个重大课题，不仅需要防护领域研究人员深入研究，而且需要每一个指战员广泛关注。

第五章　争论：筑城的辉煌还是耻辱

在世界战争史的舞台上，永远只有两个主角——战争之矛与战争之盾。无论是满载而归名利双收的胜利方还是仓皇而逃穷途末路的失败方，无论是胸怀韬略运筹帷幄的统帅者还是愚蠢昏聩有勇无谋的平庸者，都不过是战争这部历史大剧中匆匆而过的配角，终将泯灭于时间的浩渺长河之中，唯有进攻和防御才是永恒不变的主题。筑城作为战争之盾的一部分，在世界战争史的舞台上留下了浓墨重彩的一笔。在这一笔当中，承载了太多灿烂夺目的辉煌，同时也背负了太多难以冲刷的耻辱。当事物处在历史的聚光灯下，在享受鲜花与掌声的同时，必然也将承受一个又一个的指责与谩骂。筑城，究竟是战争史中的辉煌还是耻辱，关于它的争论从未停止。

本章为筑城是非论。

马其诺防线与黄色方案

提起马其诺防线,军事爱好者们想必并不陌生,特别是对于那些研究过"二战"史的人来说,更是再熟悉不过了。这道将筑城技术阐释到极致的庞大工程,在世界军事史上充满了太多的戏剧性。每每想起,总是令人感慨万千、唏嘘不已。

马其诺防线是法国在第一次世界大战后,为防德军入侵而在其东北边境地区构筑的筑垒体系。防线自1928年始建,1940年基本建成,耗时12年,花费50亿法郎,南北延续390多千米,永备工事多达5 800余个,钢筋混凝土平均厚度3.5米,深入地下数十米,背覆数十至上百米的岩石外壳,号称人类史上最坚固的防御工事,一度被人们誉为是一道无法逾越的防线。此外,防线内部拥有各式大炮、壕沟、堡垒、厨房、发电站、医院、工厂等,通道四通八达,较大的工事中还有有轨电车通道,到了1940年之后,马其诺防线除了必要的军事功能之外,逐步发展成为一个集避难、餐饮、住宿、医疗、休闲、娱乐、观光旅游为一体的综合性"商业中心",吸引了无数想要"躺平"就能保家卫国的法国青年。在法国人看来,马其诺防线的修建无疑是他们的骄傲,这座固若金汤的超级壁垒无疑是国家最大的安全保障,德国想要从此处入侵法国,必然要付出惨痛的代价。然而,就是这样一道牢不可破的防线,在世人眼中最终却并没有发挥出其应有的作用,反而沦为了一个天大的笑话。

法国设想得很好,凭借马其诺防线阻挡德国从德法边境正面入侵,迫使其从西部的荷兰、比利时进入,避免战火烧到自家国土,同时迫使英国盟军支援,于比利时境内与德国展开最终决战。起初,法国确实准确地将德军引入了自己设想的方案当中,然而事情的发展往往充满了戏剧性。1939年10月19日,黄色方案出台,但因天气原因被迫推迟,1940年1月10日,计划因意外存在泄露风险,不得不重新修改。1940年5月10日,纳粹德国执行了修改版的黄色方案,古德里安率领的A集团军的44个师绕过马其诺防线,由法比边界的阿登森林进入法国境内,向西直插英吉利海峡,将英法盟军一分为二,并与B集团军形成合围之势,将盟军主力围困在敦刻尔克,造成了"敦刻尔克大撤退"。由于法比边界的阿登高地地形崎岖,不易运动作战,且比利时反对在法比边界修建防线,所以法军没有多加防备,但万万没有想到德军会由此突破。不久,法国战败,被迫投降,马其诺防线沦为了一个摆设。

"二战"结束后,法国政府依旧对马其诺防线寄予希望,先后数次重整,以备不时之需。但20世纪70年代以后,欧洲和平趋势已然达成,马其诺防线的军事意义已丧失殆尽。法国政府通过拍卖的方式将这道耗费巨资建造的马其诺防线还之于民。不少工事成了旅游的景点,另一些变成了蘑菇养殖的农场,而其中的大多数则静静地埋伏在法德边境,成为时代的记忆。

无论是从规模的庞大程度,本身的坚固性还是筑城技术的先进程度,马其诺防线都不可谓不是一项宏伟辉煌的工程。单看建筑本身,它是筑城史的骄傲。然而世人往往只看结果,基于其在"二战"中的表现,很多人将其看成了一个天大的笑话。花费举国之力建造的超豪华阵营最终沦为摆设,就好比某款推塔游戏中一方全是六神套装结果被对方偷了家,这种戏剧性滑稽性的落差令人瞠目结舌哭笑不得,马其诺防线因此饱受争议。

　　曾有人说:马其诺防线是阵地战思想的产物。法国因过度信赖此防线导致备战松懈,思想麻痹大意,直至德军绕道比利时进攻法国时,法国人还依然沉浸在巴黎的灯红酒绿之中,自信地认为德军不敢冒犯。后来发现德军进入法国腹地,盟军腹背受敌时,已为时已晚。马其诺防线作为一个大型的阵地,机动性差,法国也未能及时有效组织起军队进行阻击,导致德军长驱直入。马其诺防线的失效意味着阵地战战争形态彻底结束,运动战才是未来战争的主流。

　　还有人认为马其诺防线是"完全防御"军事思想的失败。法国保守派认为在"一战"中特别是凡尔登会战的经验,证明了坚固的永备防御工事和要塞的优越性。"一战"中法国伤亡惨重,法军140万人阵亡,430万人受伤,50万人失踪,死亡和失踪人数占兵力总动员量的73%,战后可征兵入伍人数急剧下降,兵力严重不足。在这种情况下,构筑这样的坚固壁垒不仅可以有效缓解兵力不足的压力,还可以减小伤亡,看起来无疑是最好的选择。同时他们认为法国最好能有一系列要塞构成的战略防线抵御入侵,直到盟国能提供援助,以联合封锁来扼杀德国。但是"完全的防御"意味着被动地将战争主动权交给了德国,而且坚固筑垒防线只是一种消极的手段,是辅助进攻的"盾",进攻的

"剑"不够锋利,"盾"的效果也会大打折扣。法军失败的结果证明:"具有精锐军队的国家不需要要塞,而没有精锐军队的实施防御,要塞也没有用。"

英国陆军的一位将领名叫艾伦·布鲁克,在1939年末和1940年初曾经两度参观马其诺防线,他在日记中写道:"不用怀疑,马奇诺的整个观点是天才的设想。但是!它只给我很少的安全感,我认为法国本来可以做得更好,如果把钱花在机动防御的装备上,比如更多更好的飞机和更多的装甲师,而不是把钱扔进地下……马其诺防线最危险的方面在心理上,它给人造成一种错误的安全感,躲在牢不可破的钢铁防线后面的感觉,一旦这种感觉被打破,法国的战斗意志将一起被粉碎。"他的这段话很快就得到了应验。法军因为马其诺防线的存在,特别是驻守在此处的军队,彻底放松了警惕,里面的军官和士兵整日里无所事事,既不研究作战,又不搞战备训练,只知道花天酒地、寻欢作乐,把这里当成了养老度假之地,最终亲手为自己种下了苦果,在德军的突然袭击下一败涂地。

然而,很多人认为马其诺防线并非像人们说的那样一无是处,它在战争中实实在在发挥了作用。英国筑垒工程研究学会创始人、欧洲和英国现在军事史研究者安东尼·肯普在其著作《马其诺防线的神话与现实》中认为,第一次世界大战后,法国在其重要边境地区建立坚固筑垒防线预防德国入侵的方针是正确的。马其诺防线的存在,阻止了德国从德法边境对法国进行突然袭击,迫使德军绕道比利时和荷兰等国,实际上减缓了德军的进攻锐势。同时通过马其诺防线的修筑，缩小了德军进攻法国的正面，从而节约了法国投入战备的人力和军事装备，法国在一战中伤亡惨重，人口和可征兵力严重下降，正面临兵源不足的问题，就连英国首相丘吉尔在战前也是称赞，法国修筑马其诺防线是聪明睿智之举。此外，防线无论是从作战计划还是作战实施阶段，都拖延了德国进攻法国的时间。德军总参部早在1935年就一直在考虑摧毁马其诺防线的途径和手段，提出了各种建议，包括研制一种能够击穿马其诺防线的超重型火炮，但直到1940年也没有研制成功，不得不搁置。在此期间，德国也考虑另一种进攻法国的作战方案，不过最终也没有采用。马其诺防线实际上已经成功地成为困扰德军进攻的一大问题，牵扯和消耗了德国高层的大量精力，在战略上起到了迫使敌人改变进攻方向和推迟进攻时间的作用，它的军事意义和军事作用绝不应该因为战争的失败而被全盘否定。

另有一些学者的观点更加力挺马其诺防线，大有为其申冤之意，认为将战争的失败归罪于马其诺防线是不合理、不公平的。马其诺防线所应起到的作用已经发挥了出来，实际上盟军战败的根本原因是战略战术、决策判断、作战计划等上层建筑的问题。马其诺防线只是战争中的一部分，不是战争的全部，法国民众将全部的希望寄托在它的身上，本身就是一个笑话，它背负了太多不应该背负的东西。

无论如何，我们都不能否认马其诺防线在防御战中发挥的作用。法国的失败更多的是战略决策的失败，是偶然的戏剧性导致的失败,而不是马其诺防线的失败,更不是筑城的失败。作为后来人,我们是历史的旁观者,没有亲历那场战争,不知道战争的复杂性和不确定性,自然可以像一个凑热闹的看客一般云淡风轻地品头论足。

战争不是儿戏,但战争往往如戏。有太多的巧合发生。假如法国能够准确判断敌军作战企图,适时调整作战计划,改变战略重心和力量部署;假如盟军发现德"A"集团军穿越阿登森林后能够不被主观意识左右、立即采取应对措施;假如原版黄色计划没有因天气原因被推迟,计划如日执行;假如德军的那名空军少校没有携带作战计划出事,黄色方案没有被修改;假如当时的比利时没有天真的想要保持中立,让马其诺防线延伸到其边境线上;假如曼施坦因没有据理力争,将那个天才的计划说出来……法国或许就不会失败。

然而,一切都已巧妙地发生了,天时、地利、人和,胜利的天平早已悄悄偏向了德国。马其诺防线只是一条防御战线,不是上帝之手,更不是救世主,它只能眼睁睁地站在那里看着法国的失败,无力而悲痛地承受着即将背负或者将一直背负着的屈辱骂名,并默默等待着沉冤昭雪的那一刻的来临。

齐格菲防线与阿登反击战

齐格菲防线是筑城史上与马其诺防线齐名的另一条重要军

事工程，也是"二战"史上不得不提的一条重要战略防线。1939年9月，德军东进闪击波兰，西侧则依托该防线防御法军背后袭扰，与此同时法军依托对面的马其诺防线也在时刻防备德军的入侵，于是在这种情势下神奇般促成了德法双方开战后长达8个月时间的著名"静坐战"。

德法两国在边境线上长期默契地保持着彼此的寂静与忐忑，齐格菲与马奇诺两道防线则遥遥相望，各自无言。这对筑城史上著名的"双子星"谁都没有想到，不久之后双方都将会陆续迎来自己悲惨的命运。

12 000多座钢筋混凝土地堡，绵延600多千米的反坦克障碍物与秘密地下堡垒，35～75千米的平均防御纵深，使用混凝土达931万吨、钢铁35万吨，覆盖整个德国西部边境，这就是著名的齐格菲防线，又被称为"西墙"。与马其诺防线相比，齐格菲防线延伸的路径更长，构筑的工事与障碍物的数量更多，使用的钢筋和混凝土吨量更大，建造的时间却更短。从1936年开始到1939年结束，齐格菲防线的建造仅仅历时3年，远比耗时12年才完成的马其诺防线要迅速得多。这道以纵深防御著称的防线由一系列连锁防御工事组成，最外层是密密麻麻的反坦克障碍物——龙牙，一种钢筋混凝土制成的四方锥石台，每块龙牙的地基深达2米；紧接着是对人员造成杀伤的装置，如地雷、拒马、铁丝网等；然后向内依次是战壕、地堡以及地下指挥中心。其中尤以地下指挥中心最为关键。这种地下指挥中心又被称为"B"型碉堡，它们分布在整个防线最关键的32个部位，承担重要的指挥职能。每座"B"型碉堡有4层楼高,地下部分可容纳80人,最上方是可360度旋转的炮塔,可俯瞰四周山下,射击视线极佳。此外,炮塔旁边还配备有4挺机枪和1挺火焰喷射器,火力覆盖范围近3千米。希特勒曾多次视察齐格菲防线,对于这种"B"型碉堡大加赞赏,对于防线的防御能力充满信心,并称:我是世界上最伟大防线的建造者。齐格菲防线的确固若金汤,有了这道强大的人工屏障,德军再无后顾之忧,迅速占领了波兰。

1940年,德军转战西线。5月,"黄色方案"执行,不久荷兰、比利时、英法盟军先后落败,德军将战线向西推进至大西洋海岸。到了1940年夏,德国的西部边境已不再是齐格菲防线,而是大西洋的海岸线。齐格菲防线显得不再那么重要,于是希特勒下令拆除齐格菲防线用来加固大西洋壁垒,齐格菲防线因此被削弱,成为一片废墟。直到数年之后,1944年6月6日,诺曼底登陆,大西洋壁垒瓦解,德军败退,英美盟军迅速向东推进,分别解放荷兰、比利时、法国等地,战线再次被拉回到了齐格菲防线。8月24日,希特勒下令改造该防线,9月英美盟军对亚琛市发动进攻,10月12日亚琛城被完全占领,齐格菲防线被撕开了一道口子,但因其防御纵深比较广,故而仍具备很强的防御能力。11月盟军继续进军许特根森林,爆发了"二战"中德国本土境内时间最长的许特根森林战役。盟军久攻不下,战斗陷入僵局,齐格菲防线依旧是德军最坚固的壁垒。12月16日,阿登反击战打响,在莫德尔的指挥下,25万德国军人、2 000门火炮、1 000辆坦克从阿登森林穿过,逼近比利时,一路北上,试图故技重施,回到1940年那个神奇的5月,制造第二个敦刻尔克,并一举将盟军逼回海上。然而今时不同往日,战争难以复刻,1945年1月25日,阿登反击战失败,德军不得不再次退回本土。此时的德军伤亡惨重,兵员物资严重不足,基本放弃了齐格菲防线,退守莱茵河。由于德军的全线撤退,缺少坦克、物资和人员防守的齐格菲防线变得毫无意义,成了森林里的一道摆设。1945年3月,在苦苦坚持了5个月后,齐格菲防线终于难逃它的宿命,和与它遥遥相望的"对手"马其诺防线一样,没能守护住自己的国家,最终被攻破了。

齐格菲防线的攻破,意味着以德国为首的法西斯大势已去。6周后,纳粹头目希特勒饮弹自尽,德国彻底失败。与此同时,齐格菲防线最终也以失败而告终。不过值得庆幸的是,与马其诺防线相比,后人并没有将战争的失败完全归罪于齐格菲防线,只是仍有很多关于它的争论。

齐格菲防线的坚固是无可否认的,同时它也确实起到了阻滞敌人的作用,但是在本身的设计上它是存在缺陷的。怀有这一主张的人认为该防线中很多工事只有混凝土而缺乏用于防御重型炮弹的装甲钢板;同时防线碉堡内设计的炮座太小,只能适应战争初期的小口径火炮,无法安装战争后期的大型火炮,这无疑进一步削弱了它的防御作用。在某种程度上,齐格菲防线的宣传意义几乎和它的战略意义一样大。

在相当长的时间里,它都被宣称为一条坚固的防线,一直影响到了1944年。"但到了真的面对它的时候,无论是德国人还是盟军,都发现这条防线的大部分设计已经不符合当时的战场形势了,尽管它起到了阻滞盟军的作用,但显然不像德国人声称的那样坚不可摧。"齐格菲防线的这个缺陷不可否认,但也事出有因。一是因为德国当时本就缺少钢材,无法制造更多防御重型炮弹的装甲钢板;二是防线的设计和建造本就是在战争之初,当占领法国之后,德国的土地已经延伸至了大西洋海岸线,此时大西洋壁垒才是德军的重点防线,齐格菲防线已经是次要军事工程。在资源匮乏的情况下,德只能重点加强大西洋壁垒,甚至不惜拆除齐格菲防线中的一些设施支援大西洋壁垒。也就是说,齐格菲防线自从1939年建成后,非但没有得到加强,反而在削弱,直到1944年再次面临盟军进攻时,已经过去了5年。5年的时间,战场的形势已经发生了翻天覆地的变化,而防线像是一个落伍的老人,依旧停留在5年前。虽然希特勒命令对其进行改造,但此时的德国已没有时间和精力再做这些事情了。即便如此,防线里面的筑城工事,如地堡等依然坚不可摧,无论是亚琛战役还是许特根森林战役,都让盟军付出了惨痛的代价。

还有人认为齐格菲防线建造得太长,这就需要部署更多的防守兵力,而德国在"二战"后期兵员本就匮乏,根本无法抽调足够的兵力防守。这种说法固然有一定道理,也是客观事实,但是很快被持有另一种观点的人所反驳。他们认为,德国其实是有兵力的,如果没有发动那场不切实际的阿登反击战,那个无谋的豪赌。齐格菲防线的攻破、德国的战败,最重要的原因还是希特勒一连串的错误军事干预:在法国战役期间,希特勒强令德军死守阵地不得有任何后退,导致战机延误,大量的军队主力被包围歼灭,西线精锐损失殆尽、东线部队又无力支援,齐格菲防线就等同于无人驻守。不仅如此,希特勒幻想着重演1940年闪击法国的奇迹,强令部队组织了"阿登反击战役",这一举动抽调了纳粹德国当时已经捉襟见肘的资源,其中包括部署于齐格菲防线的许多士兵。此战,德军损失20多万精锐党卫军部队和参战的2 200辆坦克,还有大量的空军部队损失在茫茫雪原之上。这让本就捉襟见肘的防御兵力更加虚弱。所以,当美军大举进攻齐格菲防线时,德军根本无力组织防御,因为精锐部队和最好的武器装备都已经损失殆尽了。如果不是希特勒无谋的豪赌,齐格菲防线或许还能支持更长的时间。

所以会有人说:齐格菲防线并没有失败,只是无人防守。无人防守的防线只是一尊不会动的钢筋混凝土雕像,是纸老虎,看起来高大坚固,实际上只是一副空壳。德国决策的错误在于选择了进攻而没有选择防守。什么叫防线?意思就是防守。既然是防守,那为何又要进攻?跳出防线的保护去发起进攻,那么修筑这个防线的意义又何在呢?倘若当时德国采取防守的策略,倚仗齐格菲防线用阿登反击战中的兵力和武器进行防御,结果或许两说,至少可以坚持更长久的时间。当德国人离开齐格菲防线保护的那一刻,实际上已经败了。

当然,从客观上来说,无论有没有齐格菲防线,德国都必然会失败。一方面,大西洋壁垒瓦解,德军面临东西两线作战、腹背受敌的绝境。在战争的最初靠着闪电战、突击战还好,可以打对手一个措手不及。但是从长久的意义上，特别是战争后期，这种打法已经出现了乏力的窘境。另一方面，战争是损伤国力的行为。"二战"后期，德国因连年的战争，国力已经消耗殆尽，无论是国内的资源还是兵员，都消耗得差不多了，焉有不败之理。而从根源上说，一切非正义的战争终将会结束，一切非正义的一方终将会失败；妄图与世界人民为敌的人，必将会被全世界人民所打败。

进攻和防御其实是一对孪生兄弟，需要我们辩证地去看待。筑城并不仅仅意味着防御，当然毫无疑问，筑城本就是防御属性大于进攻属性。齐格菲防线的失败是德军并没有发挥其坚固的防御性能，没有将更多的兵力用于防守，非要选择进攻，最终导致无人可守；马其诺防线的失败是因为法国采取被动防御的策略，只想着派兵防守，等着迎战敌人，它确实防住了，但敌人主力根本没有从这里经过。同样坚固的两道防线，一个有人进攻而无人防守，一个有人防守而无人进攻，这恰好是两个极端。但这却告诉我们，坚固的筑城工事要想真正发挥它的作用，必须满足两个条件，一是要有足够的兵力去防守，二是要让敌人必须进攻而无法绕开。

同时，攻和防，如何把握，也是一门学问。希特勒之所以发动阿登反击战，大抵有一个心态是受马其诺防线的影响，认为最好的防守就是进攻。但他并没有看清楚，齐格菲防线与马其诺防线不同，马其诺防线可以绕行，而齐格菲防线没有漏洞，无法绕行，必须面对。

齐格菲防线是筑城史上最坚固的军事工程之一，它被攻破是事实。但德国的战败并非因为它，也是事实。虽然齐格菲防线在设计上存在缺陷，但它在战争中发挥出了应有的作用。它有效震慑了敌人，让敌人付出了惨重的代价，坚守战线长达5个多月。如果有兵力防守，它还可以守得更久。

齐格菲防线没有失败。它只是承载不了纳粹人的野心。

远东防线与八月风暴

1940年的冬天，在东方苦寒的边境线上，夜幕早早地降临。一位衣衫单薄的东北汉子终于放下手中的锄头，从粗鲁的日军狱卒手里接过一个发霉的馒头和些许咸菜，工期的结束以及多加的一碗油汤并没有让他那张面黄肌瘦的脸上生出丝毫的喜色，相反在他的内心深处正涌动着一股难以言说的悲凉。远处的军帐内灯火通明，日军的欢歌笑语不时透过寒风刺入耳中；周围的同胞们满怀完工的喜悦，狼吞虎咽，吃得正香。东北汉子咀嚼着嘴里的食物，瞥了一眼远处的灯火，又回头望了望身旁因为这场"庆功宴"而兴奋私语的同伴，话到嘴边却又止住了……终于，酒足饭饱的关东军醉醺醺地走出营帐，来到劳工们的面前，满意地看了看他们身后的崭新工事，突然大笑着端起身后的机枪，朝着茫然不知所措的众人疯狂扫射。伴随着突突的机枪声，一具具躯体接连倒下。劳工们的笑容凝固住了，恐惧还未完全占据整张脸,幸福的油汤砰然落地。东北汉子看着惊恐倒下的同伴,看着一旁狞笑的敌人,无力地闭上了眼睛。因为他知道,在惨无人道的日军面前,自己也将难以幸免。

这是日军在我国东北边境建造远东防线时的场景,1934年至1945年的十余年时间,有大约100万中国同胞死在了这里。

日本关东军为抵御北面的苏联红军,稳固自己在东北的阵脚,强征了320多万中国劳工秘密建立了一条东起吉林珲春,经黑龙江中苏边境,西至内蒙古阿尔山的防线,日本自称其为"东方马其诺防线"。防线全长3 800千米,宽110千米,纵深50千米,共有17处大型要塞,8万个永备工事,成千上万个永久性的地下仓库、发电站、通信中心等配套设施,此外还有大量的野战阵地和附属的军用机场、铁路,工程相当巨大,其军事功能、建筑规模甚至远远超过了马其诺防线!整个防线可划分为三个要塞群,分别为东宁要塞群、海拉尔要塞群和虎头要塞群。东宁要塞群,正面宽110千米,纵深50千米,有四个地下阵地,四个进攻区;要塞群的每个要塞面积都在4万平方米之上,军用公路1 957千米,铁路400多千米;有永备工事400多个、永备弹药库84个、机场10个、永备火力点402个、土木火力点511个、战斗指挥观察所111个、钢筋水泥掩蔽部100个、火炮阵地79个、钢帽堡4个、重型火炮为240毫米火炮10门、300毫米火炮8门。海拉尔要塞群主巷道在地下18米深处,长度5 500米,顶部水泥厚1米,光反坦克壕的纵深就有3~4千米,配备20个步兵中队、9个炮兵中队,有2个飞机场、一条专用铁路,要塞内的给养可供一万人生活半年。虎头要塞群正面宽100多千米,纵深40～50千米,配备的重炮分别是从法国进口的240毫米榴弹炮和来自大阪的410毫米榴弹炮,前者最大射程为50千米,原本在东京湾内,后调到虎头要塞,后者最大射程只有20千米,但是弹头直径40厘米,长160厘米,弹身长4米,杀伤力巨大。

1945年5月到8月,苏联从欧洲陆续调集158万兵力、火炮和迫击炮3万门、坦克和自行火炮5 000多辆、作战飞机5 100架运往远东地区。8月9日,苏军第九航空集团军的轰炸机群飞过中苏边境,对东北境内多座日军机场进行轰炸,同时百万苏军以迅雷不及掩耳之势,向日本关东军发动猛烈攻势,"八月风暴"来袭。仅仅过去20多天,8月30日,随着东宁要塞守军投降,这条东方的马其诺防线彻底告破,同时也意味着"二战"的最后一场战役落下帷幕。9月2日,在美军的密苏里号战舰上,举行了日本投降签字仪式,第二次世界大战宣告结束。

与马其诺防线、齐格菲防线相同的是,这道"东方马奇诺"中的筑城工事和障碍物,都是典型的"二战"时期筑城技术的产物。利用钢筋混凝土材料和钢材的坚固性建造永备固守的碉堡地堡(钢帽堡)、炮台等重要地上和地下防御工事,外线配合小型的永备工事和辽阔的野战防御阵地(反坦克壕、连环铁丝网等),进行大尺度、大纵深防御。而在内部设施上,远东防线更是效仿马其诺防线,弹药库存、粮食库存、发电站、给排水系统和浴室,以班排为单位的兵室、会议室、医务所、厨房、电话机房和军官指挥所,还有电动钢轨运输车和专用通道、竖井、通风口等一应俱全,甚至有过之而无不及。在防御能力上，它与另外两条防线其实都不会有质的差别，甚至当时有人认为它比真正的马其诺防线还要坚固。

除此之外，这条防线还有一个独特的地方就是隐秘。17处要塞，其设计、施工和经营都是在极其保密的情况下进行的，并且保密措施由始至终，贯穿着秘密侦察、秘密设计、秘密施工各个环节，其隐蔽程度即使白天走到近处也难以发现。苏日对战中，南路苏军原本计划进攻郑山和胜山要塞地区，但由于日军当时并未开火，苏军没有发现，竟与之擦肩而过，而即便至今还有一些隐秘的筑城工事没有被发现。同时，所构筑的地下工事设计精巧，四通八达，洞中有洞，堡垒相连，不了解其内部结构的人，即使走进去也很难走出来。

这道防线不可谓不强，但是为何又重蹈"前辈们"的覆辙，在短短21天的时间就被苏军攻破了呢？是不是再次证明，筑城的价值远没有想象中那么高，或者根本是无效的呢？其实不能这么看，远东防线依然发挥出了它应有的作用。

首先，远东防线的规模和防御力有效震慑了对手。从早期的诺门罕战役中可以看出，日军远不是苏军的对手，苏军大可不必兴师动众。但苏军倾数倍力量来进攻该防线，可见对其重视程度。其次，它成功阻滞了敌人，让苏联红军也付出了沉重的代价。比如东宁要塞，仅有2万的日军在数倍于己的敌人和火力下依然能够坚守，并令苏军伤亡重大；而虎头要塞一战中，经过17天的鏖战才被彻底攻破，令苏军伤亡2 000余人。

其实，日军的战败是一种必然，远东防线即便再坚固也无能为力。因为苏军太强大了，兵力的悬殊使得防线抵挡不了苏军的钢铁洪流。比如，苏军的兵力是日本关东军的两倍多，坦克、火炮更是达到了惊人的五倍，再加上苏联空军的绝对优势，日军等同于被动挨打。另外，世界大战的局势发生了质的转变，日本败亡已成定局，单靠一道防线改变不了什么。随着德国、意大利等纳粹国家投降，日本在国际上已经孤立无援，加上美国在广岛和长崎先后投放了原子弹，震惊了整个世界，不久日本天皇颁布投降诏书，防线多处要塞中的日军是在确认了日本已经投降的情况下，才放弃抵抗走出要塞。假如日军继续抵挡，依靠要塞的防御能力，苏军想要攻下则需要花费更多的时间和代价。

客观评价，远东防线也属于筑城防御体系，也对苏联的进攻起到很大程度的阻止作用。但远东防线从构筑那天起就注定会被破防，因为即便是铜墙铁壁也护佑不了法西斯的滔天罪行，也躲避不了万死难辞和正义的审判。

巴列夫防线与高压水枪

任何防线都是有弱点的，就像"阿喀琉斯之踵"。

第三次中东战争后，为了长期占领西奈半岛，以色列在苏伊士运河及东岸修筑了巴列夫防线。构筑用时3年，花费3亿美元，沿着苏伊士运河，长170千米，纵深10千米，全线构筑有19

座要塞,30个坚固据点,若干的混凝土碉堡,周围还设有铁丝网、地雷,配备坦克、机枪和火炮等火力网。

防线主要由四道相互制约的防御阵地构成:第一道是"水阵",即以苏伊士运河这道天险为凭,阻挡埃及军队,运河总长170千米,河面宽120~180米,水深16~18米,是天然的屏障。第二道是"火阵",在"沙阵"后方支撑点的碉堡下面,埋设了一连串的石油桶,用管道相连,直接通往运河水下,一旦埃及军队渡河,就立即按下电钮,喷油机就把石油喷到水面,同时用电发火装置点燃汽油,形成大火,整条运河便化为一片火海,阻绝通路。第三道是"沙阵",最为特别。以军巧妙利用沙漠的地形,就地取材,用沙土构建起高20米、宽10米、坡度为45~60度的巨大沙堤。这种堤坝即使是被炮弹炸开,由于沙子的流动性也会形成阻碍,即使用人力和机械短时间内也很难进行疏通道路,这种特殊的"沙阵"一度让埃军束手无策,以参谋长对巴列夫的设计赞不绝口,"巴列夫防线"由此得名。第四道是由沿线构筑的数十个核心碉堡群组成,为半地下多层建筑,由钢筋混凝土为骨架,顶部是由铁轨和装在铁网内的石块砌成,厚度约有5米,可承受重磅炮弹和炸弹的直接命中。每个核心堡由多个碉堡组成,其中一个为旅指挥所,其他有的是重炮阵地,有的是弹药和后勤物资仓库,碉堡内有住房、指挥室、瞭望哨和射击阵地,储有可供一个月以上的粮食和弹药,碉堡间有堑壕相连,战斗中可实现互相支援。此外,在堡垒后方,还有一条南北向的军用道路,便于战时紧急机动。以军对自己的这道防线充满信心,以国防部长达扬视察时曾夸下海口：埃及想要攻破巴列夫防线是绝不可能的。

1973年10月6日是犹太人最神圣最庄严的赎罪日，这一天犹太人从日出到日落，完全不吃不喝、不工作，禁止开汽车和听广播，人们都涌入教堂祈祷，以期赎回他们过去一年中所犯下的或者可能犯下的罪过。然而，就在这一日，埃军突然发动攻击，200架战斗机和轰炸机飞过运河，来到防线后方对以军基地展开空袭；同时西岸沿线的2 000多门榴弹炮和迫击炮万炮齐发，像雨点般落在巴列夫防线的每个据点上，瞬间激起无数烟尘。此时，恰是以军防守最为松懈的时候：巴列夫防线计划应配备一个步兵旅4 000人和一个装甲旅100辆坦克。但因为在内地参观演习的原因，实则是让只有800多人的预备役和50辆坦克担任值班任务，其中还有200多人休假回家过节了。此时的以军面对突然的袭击乱作一团，指挥官下令立即打开储油组向运河中喷射汽油，结果却毫无反应，喷油口早在前一天晚上已经被秘密偷渡的埃军士兵用水泥堵住了，"火阵"失灵。紧接着，在炮火的掩护下，埃军8 000多名突击队员乘坐橡皮艇和水陆两用车迅速渡过运河，上岸后立即用从英国和德国紧急购买的480台消防高压水枪朝着"沙阵"进行"射击"。仅仅过了5个多小时，就在沙堤上开辟了60多个通道。接着，埃军后续部队沿着开辟的通道发起猛攻，以军根本无力抵抗，节节败退。以军引以为豪的"沙阵"基本没能发挥作用，埃军的作战行动持续还不到24小时，仅仅伤亡208人，就彻底摧毁了以军苦心经营的"巴列夫防线",收回了失地。

巴列夫防线的建造十分巧妙,它不仅运用了传统的筑城技术,而且还创造性地运用了沙漠的特殊地形和环境,开辟了自己独特的"沙阵"和"火阵",并巧妙地将之融合在一起,使得"水阵""火阵""沙阵""传统筑城"四道防御阵地之间相辅相成、互为补充。"水阵"为天险;"火阵"在水阵上,操作简单,而威力巨大;"沙阵"以沙土为原材料,就地取材,成本低、代价小、效果奇,是防线最大的特色;传统筑城在坚固阵地的同时,也是前三道防御阵地的有力支撑和重要补充,铁丝网等障碍物用于阻滞敌人,坦克和自行火炮掩体、机枪掩体、碉堡群等为人员和装备提供充分发扬火力打击的场所,并相互连通,机动性强,便于调遣兵力,补强援弱。巴列夫防线可谓是固若金汤,坚不可摧。但它最终却被一举突破,究竟是为什么呢?是因为筑城这面"战盾"不行了吗?

对于这个问题,很多人发表过自己的看法,但总结起来大抵不过有四点:一是以军放松警惕、麻痹大意。以军自认为巴列夫防线稳如泰山,埃军绝对无法突破,故而放松了警惕,特别是在"赎罪日"当天,以军防守更是无比松懈,仅有460多名预备役人员担任值班任务,加上埃军采用迷惑的行为,达成战役欺骗,让以军以为对方不会在"斋月节"这一天发动战争,因而更加放松了戒备。二是埃军准备充分、部署严密。战前,埃军充分调动了各种侦察力量和手段,摸透了巴列夫防线的情况,并且对以军内部展开了充分的情报活动,掌握了以军的动态。与此同时,埃军战前在对突破运河和攻破巴列夫防线每个细节都进行了周密的作战部署和训练。三是埃军找准弱点、以水克沙。巴列夫防线最关键的"沙阵"同样也是让埃军最头疼的阻碍,一度令埃军束手无策,但埃军最终找到了沙阵的克星——高压水枪,成功冲破沙阵。四是统筹陆空战,取得局部制空权。在战争的一开始,埃军利用突然袭击的空当,立即掌握了制空权,并与地面对空防御系统密切配合,掩护地面部队的进攻行动。可以说从一开始,战争的主动权已经掌握在了埃及一方,反倒是有空军优势的以色列丧失了制空权。

多数观点认为,巴列夫防线被攻破的原因并非其防御能力不行,而是由多重因素造成的,特别是以军依靠巴列夫防线的坚固性导致防守松懈更是最主要也是最直接的原因。

这些说法固然很有道理,但是还忽略了一点,那就是巴列夫防线的特殊性背后所承担的真正使命。从严格意义上来讲,巴列夫防线与马其诺防线、齐格菲防线、远东防线不太一样的地方是,它的坚固程度其实并没有那么强。因为修筑的永备筑城工事、碉堡、掩体并不多,没有消耗大量的钢筋混凝土等材料,并且没有形成一个十分完备的永备筑城防御体系,特别是核心碉堡数量很少,支撑据点只有30多个,且彼此之间间隙比较大,有的甚至相距数十千米,导致火力比较分散,无法有效衔接,相互支援。之所以这样设计是因为巴列尔夫防线并不是想通过这些永备阵地防御工事的坚固性来抵御敌人的进攻,更多的是想利用障碍物来阻滞敌人前进。苏伊士运河的水阵,喷油口的火阵以及巨大的沙阵,其实实质上都是障碍物,障碍物的作用就是迟滞或阻止敌人的行动。故而以军建造它的目的,根本就不是为了防住埃军的进攻,只是为了迟滞或阻止埃军,使得一旦战争打响,只要能够阻滞埃军48小时,以军就可以完成30万军队的动员发动漂亮的反攻。无论是空军还是装甲力量,以军都是具备绝对的优势的。

因此,巴列夫防线被攻破并不值得惋惜,但它最大的遗憾是没有固守48小时,为以军争取充分的时间。特别是那个引以为傲的沙阵本应是最有效阻滞敌人的手段,并且看起来似乎无懈可击,但是谁也没有想到竟被高压水枪的神来之笔所击败。假如沙阵没有被突破,或许巴列夫防线即便是在人员防守不足的情况下也可以坚守48小时吧;而那个时候,战争又是另外一种结果了。

巴列夫防线最引以为傲的就是那个富有创造性的"沙阵",不过单纯从筑城的技术上来讲,用沙土堆积的沙堤障碍物的确是存在致命弱点的,埃军精准地找到了它的弱点,并设法攻克了它。

值得玩味的是,以军利用当地"就便材料沙子"巧妙地构筑了令敌人棘手的壁垒,埃军则同样利用苏伊士运河里"就便的水源"完成了反制。

萨达姆防线与左勾拳行动

如果说"二战"时期,筑城之盾在日趋先进的武器面前已经逐渐显现出它的颓势，那么在高科技战争、信息化战争中，筑城似乎就显得更加力不从心了。海湾战争中，电子战、信息战、空地一体战等新的作战模式对世界产生了强烈的震撼，伊拉克坚不可摧的"萨达姆防线"在这些高科技武器和手段面前如同小孩面对大人一般毫无还手之力，最终在地面作战阶段中被轻易突破。筑城，似乎从未有过如此的惨淡，也从未遭受过如此多而强烈的质疑和蔑视，曾经古老而辉煌的事物仿佛迎来了它人生中最为暗淡的时刻。筑城如同一个即将谢幕的演员，彻底退出历史的舞台。

然而，真的是这样吗？

萨达姆防线是伊拉克军队占领科威特之后，在科沙和伊沙边界的科威特和伊拉克一侧构筑的一系列防御阵地，由障碍物地带和野战筑城地带组成。最前方的是障碍物地带，有三道障碍物组成：第一道是高 2~4 米的沙堤，其后是一道宽 7~20 米、深 3~7 米的反坦克壕，部分反坦克壕内设置油管，点燃可形成火障，最后一道由蛇腹形铁丝网与纵深 300 米的混合雷场组成。在部分重要地带，反坦克壕、蛇腹形铁丝网、混合雷场交叉设置，整个障碍地带纵深为 800~3 000 米。

障碍物地带后，是师一级的野战筑城地带，由典型的后三角各级阵地组成，各级阵地则由一个个野战筑城工事构成。师级阵地由 2 个步兵旅部署在地带前沿，一个装甲旅部署在后方，每个旅防御阵地面积约为 16~24 平方千米；每个旅的防御阵地又由 3 个营支撑点组成，呈后三角阵型部署，这种营支撑点，又被称为"比塔"阵地,很具特色。它是伊军为克服流沙和土质松软而构筑的等边三角形或圆形的营沙漠要塞防御阵地,正面宽约2千米,因与中东地区传统食品"比塔"面包相似而得名。营"比塔"阵地,由连、排的小"比塔"阵地环环相套组合而成。"比塔"阵地内,设置有坦克及其他反坦克、防空火器等发射阵地,掩体、掩蔽部一应俱全,藏、打结合。大小"比塔"均可实施有效的环形防御。阵地之间可构成密集火力区,形成强大的反坦克火力。整个萨达姆防线长240千米,纵深达7~30千米,依托坚固的萨达姆防线,伊方自信满满,欲以在地面作战中对抗多国部队。

1990年8月,以美国为主导的多国部队按照"先防守,再进攻"思想,研究制订了以"遏制吓阻"为主要目的的防御性军事行动计划,代号"沙漠盾牌",20万~25万地面部队被运往海湾地区。同年,紧接着又制定了名为"沙漠风暴"的进攻作战方案。"沙漠风暴"行动共分为战略性空袭、夺取科威特战区制空权、削弱敌地面部队和发起地面进攻作战四个阶段。其中,地面作战是达成战争政治目的的最终手段,被单独赋予了一个响亮的代号——"沙漠军刀"!左勾拳行动就是"沙漠军刀"其中的一部分。

在地面作战发起前,虽然"沙漠风暴"空中进攻作战行动对整个伊拉克军队造成了极大的削弱,但并没有从根本上为前期制订的"海陆并进"地面进攻计划铺平道路,海路不通、萨达姆防线阻碍、气象条件不佳等一系列难题摆在了多国部队面前,贸然进攻可能会带来不小的伤亡。这个时候,"左勾拳"行动出台:

美第18空降军、第7军避开正面设防的伊军重兵集团,充分发挥战场机动、态势感知、综合保障方面的优势,进行迂回包围作战,出其不意地向伊境内幼发拉底河谷地区打出了一记"左勾拳",在不到100个小时的时间里长驱直入300千米,断敌退路、阻敌驰援,对伊军精锐——共和国卫队予以毁灭性打击,为多国部队迅速击溃残敌、"收复失地"创造了极为有利的条件,也为"沙漠军刀"地面作战写下了浓墨重彩的一笔。这一重重的"左勾拳",避开了"萨达姆防线",从侧后打击伊军,避实击虚,避强击弱,令伊军始料不及。因此,地面交战打响后,伊军陷入极大的被动之中,各部兵力被分割、牵制和掣肘,无法相互驰援。不久,萨达姆防线被突破,伊军地面作战全线瓦解。1991年2月28日,地面战争仅仅持续了100多个小时,伊拉克便被迫宣布无条件接受联合国各项决议,至此战争以伊军的失败告终。

海湾战争中,"萨达姆防线"以其工程之浩大,防御力之强,防守兵力之多,障碍、工事配系之完备而给世人留下了深刻的印象。在战争的最开始,甚至连美国人心里都曾一度对取得这场战争的胜利产生了怀疑。然而,当战争打响后,伊拉克曾引以为自豪的"萨达姆防线",在海湾最后的地面交战中,竟然在如此短的时间内就被多国部队轻而易举地突破,于是有人再次提出了筑城无用论。他们认为在高科技手段、高精尖武器装备的战争中,筑城已毫无招架之力,完全发挥不了任何作用。诚然,萨达姆防线的溃败如同铁证一般将无用的"真相"指向了筑城,但这只能说明部分问题,倘若就此下定结论,依旧显得过于片面。

首先，战争的失败，萨达姆防线被迅速突破，并不是因为防线无用，更多的是由其他因素导致的。多国部队空中火力有绝对优势，削弱了伊地面作战力量。伊军在毫无制空权的情况下，完全处于被动挨炸的局面，军心浮动，逃兵不断。至地面交战开战前，在多国部队猛烈空中火力打击下，伊军损失坦克约1 300辆、装甲车(含步兵战车)1 000辆、火炮1 100门，总体实力下降50%以上。还有就是主要防御方向选择不当，战役布势不合理。伊军防御战役布势，是大小三角环环相套的结构，兵力部署前重后轻，装备和素质是前差后好；防御总体结构，正面强，西线翼侧弱，防御锋芒直指科沙边境。在伊沙边境近200千米正面上，只有2个战斗力较差的步兵师掩护，未形成环形防御态势，且调转"矛头"极为困难，这就为多国部队大胆迂回包围留下了可乘之隙。法军参谋长史密特战后谈及此事时说：萨达姆·侯赛因所犯的最大错误，就是把他的部队放在一个最佳被包围的位置。多国部队正是依据这一点，制订了左勾拳行动，从而实现了包围。而正是因为这记漂亮的左勾拳，才使得"萨达姆防线"未能充分发挥其作用，用于防御的各部分兵力被分散削弱而无力防守，最终才会被轻易突破。

此外，伊军部队素质差，战斗力不强，抵抗不力，防空组织不利，指挥方面失灵，协同失调等也是其失败的原因。可以说，在高科技的加持下，以美为首的多国部队其军事实力，无论是空中力量还是地面力量，无论是作战样式还是作战理念，无论是军队士气还是军人素质，都是远超伊军的，二者并不在一个量级上，伊军迅速失败是必然的，不是一条两条萨达姆防线就能抵挡的。

其次，萨达姆防线是发挥了作用的，在多国部队前期密集的空中火力打击下，它有效地保存了伊军部分力量。截至1991年2月23日，多国部队共出动飞机近10万架次，投弹9万吨，发射288枚战斧巡航导弹和35枚空射巡航导弹，并使用一系列最新式飞机和各种精确制导武器，对选定目标实施多方向、多波次、高强度的持续空袭。在这样高密度的火力打击下，伊军以藏于地下、隐真示假、疏散国外等措施躲避空袭，保存了大半的实力，假如没有这些筑城工事，其损失可能更大，甚至不用发动地面进攻，仅在空中火力的打击下，伊的军队就已经伤亡殆尽了。

此外，伊军在国内各处构筑的其他的筑城工事，在战后也发挥了很大的作用。伊拉克不仅在伊沙、科沙边界构筑起长达240多千米的"萨达姆防线"，还在纵深内构筑了极其坚固的战略指挥所、导弹发射工事、空海军基地和能掩蔽3 000多架飞机的坚固机库，在巴格达等重要城市修建了地下城和"萨达姆地下迷宫"，以隧道将总统府、国防部、安全部、各行政机构、通信中心、巴格达机场等地下防护工程连通，形成庞大的地下指挥、屯兵系统。萨达姆和他的高级官员们可随时在地下机动到需要的位置，指挥全国军民作战。正是依靠这些坚固隐秘的地下工事，萨达姆才能在战争失败后仍然能够躲藏十余年之久，控制着他的军队和国家，直到2003年才被美军抓捕。

海湾战争的失败，恰恰反而证明了处于装备劣势和被动地位的防御者，在面对敌人强大火力和突击力之下，筑城比过去任何时候都显得更加重要。因此，筑城非但不应该退出历史的舞台，反而更应该得到重视才对。

客观地讲，筑城特别是野战筑城的传统思想观念和技术手段，在高科技战争、信息化战争中固然已经显得十分落后了。但任何事物都是发展而非一成不变的，海湾战争的失败反而成了一种契机，敦促与鞭策"筑城人"寻求新的筑城突破。我们相信关于筑城的新理论、新思想、新技术日后必将如雨后春笋涌出，并且假以时日筑城必然会焕发出新的光彩。

总结：虽其未成，败非其过

马其诺防线、齐格菲防线、远东防线、巴列夫防线和萨达姆防线，包括在世界军事史和筑城史上其他著名防线，如：斯大林防线、大西洋壁垒以及曼纳海姆防线等，最终都没能成功阻挡敌人进攻的脚步，没能坚守住自己的阵地挽回失败的战局，但战争的失败并不能完全归咎于筑城。

德法交战中，马其诺防线没能挽救法国的失败并不是因为防线不够坚固，而是被德军出其不意的绕行以及法国人倚仗防线产生的思想麻痹；齐格菲防线的失败源自希特勒军事上错误的决策，没有选择据守防线，而是豪赌般越过坚固的工事去反击，令其失去了建造最初的意义，最终沦为无人可守的境地；远东防线没能阻挡苏军的钢铁洪流是由于双方军事力量的巨大差异以及世界局势的变化所致,苏军的装备数量和人数都数倍于日军,且以德为首的其他法西斯国家相继投降,日本腹背受敌、孤立无援,失败是大势所趋;巴列夫防线被冲破是因为赎罪日以色列军队麻痹大意导致防守松懈,以及埃及军队找到了"沙阵"的致命弱点,成功克服了它;萨达姆防线则是因为战争模式发生了质的改变,高科技战争令伊拉克猝不及防,空中力量的巨大差距令伊未见敌人前就已损失惨重,加上地面战斗中那记漂亮的"左勾拳"击中了伊军防守的薄弱点……此外,如斯大林防线、大西洋壁垒、曼纳海姆防线等规模庞大的坚固筑城阵地,深究其失败的原因,也并非防线本身的问题。

事实上,导致战争失败的原因,往往是多方面的,比如:上层决策的失误,如制定的战略、战术、战法的不合理,双方军事力量的悬殊,士兵的战斗意志和军事素质,气候条件,甚至有时候还有很多的偶然因素……而纵观这些导致战争失败的原因,"筑城本身的问题"这个因素,在所有因素当中并不是最主要的,甚至大多数情况下战争的失败与筑城根本无关。人们之所以经常会"误解"筑城,是因为筑城被放在了最显眼的位置,站在了"舆论的风口",与战争的胜败直接挂钩。一旦战争真的失败,便被不假思索地定下了罪名,成为真正因素的替罪羔羊。而这,对于筑城来说是极不公平的。

无论胜败,客观地讲,筑城在战争中发挥了极为重要的作用。

马其诺防线虽然被德军绕行,看起来像是防了个寂寞,但实际上它也防御住了德军在边境线上的佯攻军队。更重要的是,它的存在本身就起到了强大的威慑作用，令德军不敢轻举妄动，并在两国交战前的军事部署和决策上，牵扯了德军极大的精力。巴列夫防线中以"沙阵"为代表的筑城障碍物同样也成功震慑住了埃军，使其耗费了大量的精力智力来寻求破解之法。而因为有萨达姆防线的震慑作用，才会有美军不远万里的"沙漠盾牌"行动。其他几个防线，同样都令敌军不得不予以重视，或是调遣更多的兵力、武器来应对，或是损耗精力和智力寻求突破的办法，或是选择避其锋芒、改变行动方案绕行。无论哪一种方式，其威慑的效果已然达成。

筑城的存在，也有效地保存了己方的实力。美军空中密集的火力轰炸下，伊拉克毫无还手之力，只能被动防御。在这种情况下，萨达姆防线中的地下工事很好地保护了人员、武器的安全，在数月的连番轰炸下保存了50%的有生力量。这个数值或许不能凸显其防护作用，但是需要注意的是，萨达姆防线中的筑城工事特别是地下工事实际上并不多，假如数量足够的话，这个数值就不仅仅是50%这么少了。再试想，假如没有这些工事，伊军的结果又会怎样？恐怕多国部队根本无需制定地面作战行动，一连串的轰炸中伊军早已灰飞烟灭了。

筑城可以提供安全感，增强军民信心，提升战斗力。有没有筑城，心理感受是不一样的。强大坚固的筑城工事就是最坚固的后盾，对于一个国家来说，可以有效缓和社会民众的恐慌程度，保证国家机器的正常运行；对于一支军队来说，可以稳定军心，提升整体战斗力；对于一线的士兵来说，一个小小的单人掩体,可以极大地安抚其惊恐紧张的情绪。法国的青年人为何愿意积极参军走上前线？马其诺防线中的士兵为什么可以"无所事事、灯红酒绿"地狂欢？从某种程度来说,正是因为马其诺防线给法国的军民带来了极大的安全感。巴列夫防线中,以军为何敢在赎罪日只留下不足800人的士兵去防守？正是因为倚仗自身防线的坚固性。

不可否认,筑城对于这些战争的失败也负有一定的责任。筑城的存在,在震慑敌人的同时,也麻痹了自己。太坚固的城墙,从某种程度来说恰恰也是最脆弱的;最安全的时候,往往也是最危险的时刻。马其诺防线因其坚固而闻名,但正是因为它的坚固,使得法国过度倚仗该防线,认为其牢不可破,便可高枕无忧,法国国内民众整日灯红酒绿、纸醉金迷,防线中的士兵无所事事、懒散松懈,举国上下都存在思想麻痹的状况,这也是导致战争失败的主要原因。而巴列夫防线的情况亦是如此。

存在致命缺陷的筑城,其结果也是致命的。萨达姆防线布设不够合理,东部强而西部弱,多国部队准确找准了这个弱点,发动"左勾拳"行动;巴列夫防线的沙阵存在致命弱点,埃及军队找到了它的克星,以水克沙、轻松突破;齐格菲防线与斯大林防线幅员拉得太长,鞭长莫及,无法做到每一处固若金汤;马其诺防线虽然坚固,但其未延伸至关键位置（法比边境）而被绕行……这些致命的缺陷都导致了防线最终没能阻止敌军的步伐。

筑城理论与技术手段逐渐落后,无法适应新的作战模式。

从海湾战争来看,筑城特别是野战筑城的理论与技术手段已远远跟不上高科技、信息化背景下作战模式的新变化。筑城最辉煌的时期或许是在"一战"及以前,凭借着坚固的防御阵地体系,己方可以有效抵御敌人的进攻,在攻防战争中发挥了极大的作用,有些甚至成了战争胜败的关键。然而,自从"二战"时期,机械化战争逐渐成为主流之后,筑城存在的两大弊端日益暴露了出来:一是永备筑城虽然坚固,但是机动性差;二是野战筑城虽然机动性强,但是不够坚固。这个时候筑城已经无法成为主导战争失败的关键因素了。到了海湾战争,在高科技主导的战争模式下,筑城的另一个致命弊端又暴露了出来:现有的筑城理论、筑城思想没有跟上军事思想、战争模式的变化和发展。也就是说,自从"一战"前后,筑城的理论和思想,基本上没有质的发展和转变,已经无法满足现代化战争的筑城需求。这是当今必须要面对的问题,这正好是一个警醒和教训,筑城需要发展,需要变革,无论是筑城理论还是技术手段。

不过,无论是筑城的存在麻痹了自己,还是筑城本身设计上存在缺陷,又或者筑城理论与技术手段逐渐落后,跟不上新的战争模式,但归根结底,都是人的问题。

筑城并非非要牢不可破,它不是常胜不败的法宝,也不是万能的守护神,它只是一种防御手段,仅此而已。世人对于筑城存在一种误解,那就是既然是筑城,是筑城工事,是用来防御的,那就一定要百分之百确保人员装备的安全,百分之百拒敌于防线之外,百分之百确保战争的胜利,然而事实上这是不可能的,战争有太多的偶然性、戏剧性、不确定性和复杂性，谁也不能保证百分之百的制胜。战争不是看单方面的，而是综合实力的比拼。将制胜的希望完全寄托在筑城身上，显然期望太高，且不符合现实。我们要转变这种错误的认识，正确地看待筑城，不以战争最终的胜败论英雄。当取得战争胜利的时候，不要盲目地将功劳完全归于它，当战争失败的时候，也不能不分青红皂白地将罪名强加于它。战争的胜败是多方面的因素，最根本的是军事实力，不能因为防线被突破了，就让筑城来背锅。

　　战争的失败，不仅不是筑城的祸，更不是筑城的耻辱。对于筑城来说，这些防线的失败到底是不是耻辱？我想，恰恰是因为失败，反而证明了它的重要性。即便是在这些失败的战例中，在失误的决策、不合理的行动、欠考虑的部署以及巨大的实力悬殊下，筑城依旧发挥着强大的作用，又何来无用一说？这些失败的案例非但不是它的耻辱，反而是另一种意义上的辉煌。况且，失败的例子只是筑城诸多战例中的一小部分，还有很多很多成功的战例呢！抗美援朝时上甘岭战役中的坑道，创造了战争史上的奇迹，解放军以"小米加步枪"打赢了豪华装备的美国大兵；库尔斯克苏军之所以能够获胜，原因之一就是拥有强大的防御工事；抗日战争时期拥有"泰山军"之称的第十军之所以能够在"豫湘桂会战"中重创日军，创造了1∶4.5的歼敌奇迹，完成了坚守任务，同样是依靠精密部署的防御阵地……而这些，都是筑城不可磨灭的功勋与辉煌。

第六章　价值：筑城到底有啥用

筑城，作为军事工程中不可或缺的一部分，自古便在战争中发挥着举足轻重的作用。在战争的硝烟中，筑城如同一座坚不可摧的堡垒，屹立在战争的风暴中心，保护着人们的生命安全和国家领土的主权完整，其独特的功能，为战争的胜败注入了重要的砝码。它不仅仅是砖石土木的堆砌，更是智慧与勇气的结晶，是战略与战术的完美结合。白驹过隙，时过境迁。在侦察监视和精确打击技术高度发展的今天，基于"只要进攻方想打，就没有打不毁的工事"的现实，很多人不禁发出现代战争筑城究竟还有没有用、还有什么用的疑问。对于这一问题，必须客观正视和正面回应。

本章为筑城价值论。

遏止战争的定盘星：威慑

筑城作为军事防御工程，从古至今都发挥着重要作用。通过构筑坚固的预设阵地和国防工程,一方面通过增强防御能力,对作战对手产生一定的心理威慑作用,使其不敢轻易采取作战行动;另一方面筑城可以有效彰显一个国家的军事实力和作战决心,对作战对手产生一定的战略震慑作用,使其不敢轻易发动战争。

试想如果战争发生在开阔的战场上,防守方没有任何防御工事,进攻方便可以肆无忌惮地部署兵力与展开作战行动。但如果在借助有城池防护、阵地防护的情况下,防守方依靠坚固的防御工事,那高大的城墙、宽深的护城河,设置的层层拒马、路障,就会给敌方造成强烈的心理压力,使敌人不敢轻易攀越、攻克,使其对攻城产生心理恐惧,无形中削弱敌方作战意志。

试想如果战争一方没有战略防护工程,进攻方一举即可对其军事目标和军事力量实施毁伤性打击,那么进攻方就会毫不犹豫地发起战争。但如果战争一方具有坚不可摧的战略防护工程,进攻方无法对其实施一次性毁灭性打击,尤其是无法摧毁其战略杀伤性武器,那么进攻方就会考虑贸然发起战争后,一旦作战对手还手尤其是实施报复性打击将会给其造成多大的伤亡和损失,就会权衡战争得失,从而减少战争的可能性。

筑城的威慑作用主要体现在战略与战役战术两个层面。其中,战术威慑作用主要通过阵地杀伤实现,战略威慑作用主要通过战略防护工程实现,但和平时期,筑城的威慑作用主要还是通过战略防护工程实现。

为达成战略威慑效果,世界军事强国与军事集团特别注重战略防护工程建设。

关于战略防护工程建设,首当其冲的肯定是美国。很多人可能都听说过美军的最高军事指挥中心五角大楼,但可能很多人不知道美军真正的神经中枢:信息处理中心,同时也是美国总统的末日掩体,则是夏延山军事基地。美国夏延山军事基地是美国为对付苏联,于1958年开始建立的北美防空防天司令部,现在是美国11个联合司令部的信息集散中心,号称世界上防备最森严的洞穴军事基地,也是美国最安全的地方。"911"事件后,美国总统布什就被劝说进驻。这个地方到底有多安全呢?基地顶有厚达400～500米的花岗岩山体,隧道洞口至指挥中心大门的隧道长500多米,大门厚达2米、重25吨,大门关闭后,整个基地与外界完全隔离,能够抵抗核武器的直接命中。整个中心由15幢钢铁大楼组成,其中12幢为三层,3幢为两层,各楼墙壁、地板、天花板、走廊、楼梯均由钢板拼焊而成。整个指挥中心下面有1 319个弹簧,每个弹簧重4.5吨,能够抵御地震或核攻击造成的剧烈震动。整个中心内设发电站、蓄水站、排水系统、空调系统、餐厅、超市。里面的食物、水源和能源可以维持800人连续工作一个月。

除了夏延山军事基地,美国还另建一座战略防护工程——美国韦瑟山绝密工程。该工程又称地下五角大楼,始建于1954年,竣工于1958年。工程位于弗吉尼山中,包括地上、地下两部分。其中地上部分有30余幢钢筋混凝土建筑物,设有指挥控制塔、直升机起降场、储水池等设备。地下部分有20栋钢筋混凝土建筑物，设有作战指挥室、发电厂、食品库、医院，可容纳数千人，顶部有厚度达 75～90 米的坚硬岩石防护层，能够抗击地震、海啸、核战争的爆发。同时，美国还有两个备用的国家地下指挥中心，分别位于马里兰州里奇堡地下隧洞和奥弗特空军基地。另外，美国正在计划再建一个防护层达 1 100 米的地下指挥中心。

试想连地震、海啸和核弹头直接命中都不怕，哪个国家的军队能够确保一次性瘫痪美军战略指挥中枢？若非事关国家生存、主权和发展的根本利益，哪个国家的军队会有事没事主动挑衅美军？

另外，俄罗斯也是战略防护建设的世界级强国。位于莫斯科伏龙芝沿河大街的俄罗斯国防指挥中心，耗资数千亿元，于 2014 年 12 月正式运行，是俄罗斯的指挥"大脑"。该中心是在原中央指挥所的基础上建造的，内部有长达数百千米的隧道网络，指挥、通信、生活设备设施齐全。当国家安全威胁上升或发生战争时，可与外部完全物理隔绝，但又不影响通信，可以正常实施指挥。另外，可能很多人不知道，俄罗斯莫斯科的地铁 2 号线也是一座战略防护工程，其始于拉曼基站至于伏努库伏飞机场，内部通信、通风、水电设备齐全，且经过抗震、抗核、抗电磁脉冲加固，一旦紧急需要也可与外部完全物理隔绝，同时与外部保持指挥通联不间断。

位于挪威一处山坡下的北约地下战略指挥中心，是北约作战总部主要场所。共有两层，占地约 8 500 平方米，可容纳 400

名人员，内设作战室、办公室、洗消间，主入口设有20厘米厚的铁门与俩密闭门，且采取防电磁脉冲设计，工程底部设有弹簧，能够承载核武器打击时产生的冲击力，工程顶部防护层厚度达175米，能够抵御精确制导导弹与核弹的打击。

再比如，位于法国三军参谋部大楼下的法国三军指挥中心，也构筑在山体中。整个指挥中心占地约4 000平方米，其中主体长80米、宽18米，全部为钢筋混凝土结构，顶部防护厚度70～120米，口部设防护密闭门，内有办公、执勤、生活设施。总体来看，抗力虽然达不到夏延山军事基地那么高，但也是世界级战略防护工程。

关于我们的防护威慑能力，去年美军战略司令在一次研讨会上公开叫嚣要用核武器打我们，对此八一勋章获得者：陆军工程大学的钱七虎院士，也是全国防护工程著名专家，在2022年8月接受采访时，曾明确表明：中国防得住他国的包括核打击在内的任何打击，而且防的手段不止一套。看到这里，大家是不是觉得吃了一颗定心药丸？不仅美国有抗核打击能力，我们也有！

此外，战略防护工程的威慑作用不仅体现在战略防护工程本身上，还体现在其建设的背后实力上。因为战略防护工程属于超级工程，不是哪个国家想建就能建的，它的建成不仅需要成熟的防护技术、工程技术、信息技术，更需要强大的综合国力作支撑。建设如此规模工程的过程、建成如此规模的工程本身就是一种无形的威慑。

如果我们将筑城的内涵扩大理解，军事基地建设也属于筑城的范畴。通过建设军事基地，一方面可以将兵力前置，另一方面也可以向其他国家展示国家的军事实力和防御能力，对其他国家产生一定的威慑作用，防止敌对势力威胁国家安全。这就是为什么"二战"后，很多国家争先恐后在海外建立军事基地的原因所在。比如当前美国在全球范围内已拥有超过700个海外军事基地。俄罗斯、英国、法国等国家也在海外建立了一定数量的军事基地。其主要目的就是以此优化国家军事力量部署，增强国家综合军事实力，对其他敌对国家形成震慑作用。具体来讲，通过在军事基地配置军事设施设备，驻扎一定数量的武装力量，进行特定的军事活动，建立相应的组织机构、训练和演习的场所，可以为国家提供强大的军事力量和物资支持，使军队能够有效地应对各种安全威胁和挑战，确保国家在面临威胁时能够迅速做出反应，使潜在的敌对国家不敢轻视，从而减少潜在外部威胁。现实也的确如此，一般拥有海外军事基地的国家通常都是区域或世界军事强国，通常其他国家都不会对其轻视小觑。

也许建设野战阵地、战略防护工程和军事基地时，从来没有想着会对其他国家起到威慑作用，但它的存在的的确确发挥了威慑作用；也许筑城的威慑作用没有战略性杀伤武器来的那么直接、那么明显，但它确实是国家实力的重要标志，能在一定程度上彰显一个国家的战略能力，能够对敌对国家起到强有力的威慑作用。

抗敌打击的"金钟罩"：防护

防护是筑城工事最核心的用途。从远古时期的环壕聚落到冷兵器战争时期的城池城墙，从热兵器战争时期的炮台要塞到机械化战争时期的阵地工程，其核心功能都是为了抵御敌人进攻，为了减少战争伤亡，为了保存有生力量。甚至在大当量炮弹航弹、精确制导导弹、无人机等新式打击武器满天飞的今天，筑城仍然是保存自己的重要手段，筑城的防护作用在战争中仍然功不可没。

筑城的防护作用主要体现在抵御杀伤方面。下面，我们以几个典型筑城工事为例进行剖析阐释。

就拿大家耳熟能详的单人掩体为例。很多人可能会对单人掩体的作用不屑一顾，觉得现在武器装备的杀伤力这么强，一个结构如此简单的小小掩体，在战场上肯定发挥不了多大防护作用。基于此，当前包括部分指战员在内的很多人心里都有：现在武器装备杀伤力这么强，很多楼房都抗不住武器装备的打击，战场上的单人掩体能抗得住吗？既然抗不住，还挖单人掩体干什么的疑问。但事实远非如此。自世纪之交几场局部战争以来，我们承认武器装备信息化程度越来越高，侦察打击能力越来越强。但这并不代表单人掩体没用了！前段时间互联网上有一段反映俄乌战场战斗激烈程度的视频：一个在单人掩体中的士兵经过几轮炮兵打击仍然完全无恙。基于此，很多网友评价：

这个士兵真淡定，有金刚护体。其实这并不是什么金刚护体，也不是耶稣的保护，就是掩体发挥了作用。那么为什么一个小小的掩体能够发挥这么大的作用呢？大家可以想一下，战场上对人员造成杀伤的主要威胁是什么？对！主要是爆炸后产生的破片和冲击波。当一发炮弹或航弹爆炸后，会形成一个向上的扇形杀伤区域，产生少至几十个多则几百个甚至上千个破片和巨大的冲击波，可以想象，对于直接裸露在外的人员，其杀伤概率会有多大？相反，如果人员在掩体内，借助地平面这个无线延伸的保护层，除非精确制导武器或弹药直接落入掩坑内，否则基本不会对人员造成致命杀伤。

再比如阵地上纵横交错的堑壕、交通壕，这些筑城工事虽然多数也是露天工事，但仍然能够起到有效的防护作用。假如人员没有在堑壕、交通壕内，如果人员直接暴露在地平面之上，那么一发155毫米杀爆榴弹就能将半个足球场大小战场空间的作战集群瞬间炸得血肉模糊甚至灰飞烟灭。但如果人员在堑壕、交通壕内，除非当其头部露出时恰好被作战对手射中，或者作战对手的炮弹、手榴弹落入壕内，否则普通的炮弹、航弹爆炸后产生的破片与冲击波基本不会对壕内的人员造成杀伤。另外由于堑壕、交通壕多数采取折线而非直线设计，即便炮弹、手榴弹落入壕内，其爆炸产生的破片、冲击波遇到拐弯处，杀伤力会因壕壁的阻挡大大减弱，即其杀伤范围通常仅限于某段距离内，对相邻拐弯壕段内部人员基本不会造成杀伤。此外，如果不依托堑壕、交通壕防护，当敌人的炮弹在地平面上爆炸后，除产生的直接杀伤,其爆炸产生的热能大概率会引发其他弹药爆炸,如此一来就会引发连锁爆炸效应,整体杀伤范围会再度增大。由于堑壕、交通壕的折线设计及在壕壁上设计了弹药孔、弹药短洞,这种连锁热能杀伤效应就不会在壕内出现。如此来看,堑壕、交通壕的防护作用可见一斑。

再看人员掩蔽部、射击工事、观察工事。的确,如果这些工事位置暴露,如果敌人对准这些目标使用反坦克导弹、炮弹、精确制导导弹实施精确打击,这些工事肯定抗不住。但试想如果没有任何防护直接裸露在外,相距几十米距离的炮弹爆炸可能就会对其造成杀伤,隐蔽在几百米距离外的单兵也可以对其实施狙杀。有了这些工事,尤其是如果这些工事埋于地下或处于地平线以下,除非对其实施精准直接打击,一般情况下不会被轻易附带杀伤。退一步讲,即便被附带杀伤,也不会出现群体与致命伤亡。简要对比一下人员在筑城工事内与在筑城工事外的两种情况,不难发现处于筑城工事内生存率要高得多。

以上是关于筑城对人员与武器装备防护作用的逻辑阐述。但筑城的防护作用不仅体现在对有生力量与武器装备杀伤的减弱上,也体现在对车辆、物资、油料的保护上。

筑城对车辆、物资、油料的保护主要依托物资掩蔽所、油料掩蔽所、车辆掩蔽所、弹药掩蔽所、弹药岸孔等筑城工事。其防护机理与掩体、掩蔽部防护机理基本类似。如果这些车辆、油料、物资直接暴露放置在地表之上,不仅被敌容易发现,而且容易被敌采取纵火、火力突袭、特种破袭等方式损毁。甚至,一发误落、误炸的炮弹就可能在顷刻间让其车仰马翻、火光连天、化为灰烬。但将车辆、物资、油料置入这些筑城工事中，就可以起到完全不一样的效果。由于这些筑城工事多数在地下或依托地下坚固建筑物设置，一方面敌人不易发现、被敌故意打击破坏概率降低，另一方面大大降低了被战场炮弹航弹误炸误伤的可能性。另外，这些筑城工事通常会采取远距分散布置，即便其中一个掩蔽所遭敌精确打击，也不会对其他工事造成重大损伤。如此一来，大大提高了车辆、油料、物资的战场整体生存率。

另外，筑城工事的防护作用并非专指新建的野战筑城工事，坑道、大型永备筑城以及城市作战时的城市建筑物也能发挥相应防护作用。例如，城市战争中，钢筋混凝土质的楼房就是天然的筑城工事，各型地上建筑物、地下室、地下车库等既可以作为观察、射击工事、掩体、指挥所掩蔽部，为进攻方作战行动提供安全防护，也可以作为掩蔽部、庇护所，为军队躲避空袭和防敌火力打击提供安全场所，还可以作为兵营、油料库、弹药库的安全囤积点，支援保障作战。由于永备筑城、城市建筑物等建设周期更长、建设材料强度更高、规划更加科学合理，其在战争中的防护作用当然也更加突出。比如，地铁、地下商场等就是战时最好的人防工程。"二战"时期，莫斯科和伦敦地铁都起到了保护平民、调集军队和充当临时指挥所的作用。

关于筑城在战争中防护作用的例证俯拾皆是、举不胜举。

朝鲜战争时期，我军在537.7高地和597.9高地挖掘的坑道工事在抗敌打击中就发挥了巨大的防护作用。战争初期，我军采用的是加厚土层掩盖的土木工事，但实践证明这种工事经不起美军大口径火炮和重磅炸弹的轰炸。后来我军战士把简易防炮洞（也就是猫耳洞）往水平方向挖掘，形成 J 型的坑道掩蔽部，再后来又将两个 J 型的坑道掩蔽部联通，成 U 字型，且其顶部使用 30 米以上的自然岩层覆盖。如此一来，不仅能够抵御美军重炮的轰炸，又有利于保存兵力和实施机动作战。敌人轰炸时，战士们进去隐蔽，敌人冲上阵地时，战士们再冲出去杀敌人。之后这种构筑坑道的经验教训得到总结推广，就形成了我军以坑道为骨干、与野战工事相结合的支撑点式阵地防御体系。这些坑道工事构成的阵地体系成为我军保存战力、固守阵地的坚强后盾。

1991 年的海湾战争中，战前伊拉克在构筑防护工程方面作了大量的准备，有 600 余架飞机隐藏到深度达 40 米的混凝土机库里面，坦克、火炮、兵力也藏入地下掩体，一批导弹、坦克和大批共和国卫队进入地下城。尽管多国部队空袭和导弹袭击非常猛烈，连续 38 天狂轰滥炸后，伊军的地面军事设施几乎全部被毁掉，然而藏于地下防护工程有 80％ 的飞机、70％ 的坦克、65％ 的火炮和装甲车辆得以保存。战后的伊拉克之所以还能作为中东的一个军事大国，可以说防护工程的作用是功不可没的。

无独有偶！1999 年的科索沃战争中，由于受地缘政治的影响，南联盟一直具有居安思危、注重备战的传统。铁托总统曾提出"按照一百年不打仗的标准搞建设，按照明天就打仗的要求做准备"的理论，自"二战"以来特别是在冷战时期，南联盟利用山多的地理优势,在全国各地修建了现代化程度较高的防空设施。比如加大型洞库,地下指挥通信网,掩蔽部以及物资仓库等,所有的高层建筑都有地下防空设施。这些抗毁能力强的防护工程在抗击北约的精确打击中发挥了重要作用。所以当北约宣布击毁了南联盟位于普里施地纳机场附近的飞机洞库,实际上只是摧毁了洞口,飞机在洞库中很安全。科索沃战争结束以后,当南联盟11架米格-21战机从机场地下掩蔽工事安全撤出来的时候,北约感到十分震惊。

在2001年"9·11"这场灾难中,飞机冲向美国世贸大厦,导致3 000多人丧生,这一恐怖主义行径被认为是本·拉登引以为傲的"杰作"之一。因此,他成了美国的头号通缉犯。当时,美军推测本·拉登因阿富汗战争仍困在阿富汗的托拉博拉山谷,于是耗费巨额资金展开追捕。美军直升机在山谷上空盘旋,进行了数次轰炸,而阿富汗军队也在山谷中与美军紧密配合。然而,在山体的隐蔽防护下,击毙行动始终未能奏效。之后,本·拉登开始了长达十年的逃亡生活,通过藏身于一栋又一栋建筑之中,躲过了美军一次又一次的追捕。最后抓住本·拉登的藏身之地是一处院落之中。值得注意的是该院落是经过周密设计的,整个建筑不仅伪装巧妙,而且围绕主屋的围墙厚度达6米,坚固异常,极大地增加了外部窥探和攻击的难度。

再比如,在俄乌战争中很多人可能会认为俄军在马里乌波尔的表现非常拖沓,各类原因分析也非常之多。我们认为俄军之所以放缓进攻速度,其中非常重要的一条原因是:作为乌克兰长期经营的永备筑城——亚速钢铁厂确实非常坚固，确实很难打！它的坚固程度已经超出一般人的想象，否则俄军也不会派出大名鼎鼎的"拆楼神器""郁金香"重型迫击炮了。我们先来了解一下亚速钢铁厂，就知道为何俄军久攻不破的原因了。亚速钢铁厂是"二战"之后，苏联吸取斯大林格勒战役的经验，为巷战做了很多准备，使用8年时间斥巨资建造出的一座总面积达11平方千米的巨型军事堡垒，地下部分按照抗击核打击的标准设计建造。根据欧洲的透露，钢铁厂的地下工事分为6层，深度至少在25米左右，有24千米长的隧道。从隧道形状来看，有半圆管状的，有长廊形的，有螺旋形的，有折线形的，有直角折线形的，而且它们四通八达，可以通向各个楼层。另外，每隔一段距离就有直通地面的出口，就像狡兔有三窟一样。如此一来，假如某个出入口被突破，里面的人也可以从其他出入口逃离，不仅大大提高了内部人员的生存能力，还可以与突入之敌进行游击战。

值得注意的是，为了防钻地弹的打击，亚速钢铁厂的地下每一层都有单独的防御工事和防核爆的门，地下堡垒的顶板使用8米厚的钢筋混凝土，墙体使用将近4米厚的钢筋混凝土，不仅可以抵御炮击，甚至在一些重点区域有直接抵御小型核弹的能力。因此，普通的152毫米重炮、火箭炮之类的炮弹就等同于隔靴搔痒，一般的常规武器也很难奏效。从某种程度上，乌克兰亚速营正是凭借这一坚固的永备筑城工事，才能与俄军盘旋周转如此之久。

总之，作为战争之盾，筑城的防护作用不仅具有科学合理的理论逻辑，而且在历次战争中发挥了毋庸置疑的作用。即便在现代战争中，筑城的防护价值也并未消亡。

攻防作战的隐身衣：隐蔽

隐蔽是所有筑城工事的共同要求。在现代侦察打击技术如此高度发展的今天，可以说只要进攻方准确知晓目标的位置，只要进攻方想打，现在绝大多数野战工事根本抵抗不住武器装备的打击。换句话说，筑城要达到保存自己消灭敌人的目的，并不是光靠防护，而是很大程度上依靠隐蔽。通过有效的隐蔽和伪装措施，降低作战对手发现筑城工事的概率，是提高筑城工事战场生存率的重要途径；通过筑城工事的隐蔽作用，降低作战对手发现打击作战力量的概率，增强进攻行动发起的突然性，是作战过程中的重要一环，对于破坏敌方作战目的与实现我方作战目的具有重要作用。

筑城工事的隐蔽作用贯穿于整个作战过程之中。部队在实施进攻作战前，为防敌空中突袭和精确制导杀伤及达成进攻的突然性，需要隐蔽集结地域、进攻出发阵地以及飞机、火炮、弹药、指挥所、作战集群等重要目标的配置位置等作战部署和预定进攻方向、作战目标等作战企图。怎么实现这一目的？很大程度上是通过洞库、坑道工事、战略武器库、指挥防护工程的隐蔽部署实现；在进攻作战过程中，为保存战力、降低伤亡，需要隐蔽各任务部队的准确位置,以躲避与减少敌空中与阵前火力打击威胁。怎么保存战力、降低伤亡,很大程度也是依托掩体、掩蔽部、掩蔽所等筑城工事实现;完成预定任务后,部队随即转为防御,为巩固和发展来之不易的胜利,需要为军队提供隐蔽的集结和休整场所,一方面避免被敌抓住战机快速实施反冲击,另一方面用以筹划下一步作战行动的展开。隐蔽的集结与休整场所指的是什么?很大程度上不也是筑城工事吗?

筑城的隐蔽作用在攻防转换的关键节点尤为突出。进攻是最好的防御,防御好了可以更好地进攻。进攻与防御不是绝对割裂的、而是相互统一、相互转化的矛盾体。尤其是适应现代战争作战节奏加快的特点,更加需要两者紧密衔接、快速转换。而要实现这种无缝衔接、快速转换,隐蔽便是其中的重要一环,筑城工事便在其中发挥着举足轻重的作用。比如,当敌火力突击时,防守方依托筑城工事的隐蔽性,一方面可以降低被敌攻击杀伤的威胁,有效保存战力,另一方面,可以利用工事的隐蔽性为后续歼敌行动筹划创造战机。待敌人进入防御阵地后,一方面防守方可以依托筑城工事的隐蔽性,对突入之敌实施突然杀伤,另一方面也可以利用筑城工事的隐蔽性实施待机,为实施反击创造有利战机。实施反击时,可以通过构筑掩体、堑壕、交通壕、导弹阵地、防空阵地等,一方面确保武器装备作战效能的释放与发挥,另一方面也可通过阵地工程隐蔽兵力部署。另外在整个攻防过程中,筑城工事既可以为作战部队提供工作休息、弹药补充、伤员救治的隐蔽场所,也可以作为庇护所为受挫部队提供喘息、休整和重整旗鼓的机会。

讲到这里，可能会有人提出：在现代战争侦察监视技术这么发达的今天，传统的筑城工事也没有什么信息化智能化含量，尤其没有任何掩盖的露天工事用肉眼就能看得清清楚楚，在这种条件下筑城工事真能起到隐蔽的作用吗？

下面，我们就以几种常见的筑城工事为例，对筑城工事的隐蔽作用进行简要阐述。

掩体是大家都非常熟悉的工事，由于其结构简单、构筑迅速，被广泛运用于战场。以单人掩体为例，以现在构筑方法来看，直白地讲它就是一个土坑。很多人可能会认为这样顶部没有任何掩盖的筑城工事毫无隐蔽性可言。我们承认如果从空中视角侦察，这些露天工事确实暴露无遗。但我们深入思考一下，战场上单人掩体主要是谁使用？单兵！我们再深入思考一下，作为对手主要依靠什么对单兵实施杀伤？是轻武器与炮弹爆炸后产生的破片和冲击波。操控轻武器和炮弹的作战力量其侦察设备主要是什么？不是侦察卫星、空中侦察平台，而是望远镜、观察仪、侦察车等陆上侦察平台，这些侦察平台不是立体侦察，而是线性侦察、平面侦察。试想一个人趴在掩坑内，其身体在地下线以下，从1~2千米远的地方，怎么能够发现得了？

也许有人会说现在的侦察监视体系是大侦察监视体系，所有侦察监视信息可以相互共享，空中侦察平台完全可以将其获取的信息传输给陆上作战集群呀？是的，讲得完全正确！但任何作战行动都有优先顺序之分，都讲究效费比。空中侦察平台主要精力是侦察指挥所、通信枢纽、战略战役武器的部署位置，它会把精力放在侦察一些单人掩体上吗？再说，即便空中侦察平台通过大面积成像，将含有单人掩体的侦察情报传递给陆上作战群，陆上作战群有精力逐个辨别各个掩体的精确坐标吗？如果逐级将这些信息传递给单个射手，整个过程需要多长时间？整个过程下来，掩坑中的单兵会一直不转移吗？讲到这里，可能又有人会说，虽然单人掩体的目标价值不够高，不值得空中侦察平台定点侦察，那么对于火炮掩体、装甲掩体、车辆掩体是不是可以重点侦察？如果对这些大目标掩体进行重点侦察，是不是就可以准确掌握这些掩体的位置了？理论上讲，看似如此。但谁规定的掩体上方不能有掩盖、有伪装？如果在这些掩体上方进行简单的掩盖伪装，空中侦察平台仅靠大面积成像，确定能够快速显现出掩体位置吗？

再看堑壕、交通壕。对于这些长度长、分布广、规模大的线性工事，其暴露征候的确非常明显。如果依托空中侦察平台，确实可以大体成像其整体战场分布。但同样，我们需要深入思考一下，这些筑城工事隐蔽的对象或使用的主体是什么？仍然是诸多单兵。杀伤他们的武器装备主要是什么？还是轻武器与炮弹爆炸后产生的破片、冲击波。操控这些武器的作战主体主要侦察平台是什么？还是陆基侦察平台。仅靠陆基侦察平台进行线性侦察，能够侦察发现堑壕、交通壕吗？恐怕还是不行！没错，如果空中侦察平台战前将整个战场成像，可以将整个堑壕、交通壕的布局成像发送给一线作战部队。但问题的关键是，即使一线作战部队掌握了堑壕、交通壕的整体战场布局,又有什么用?因为一线作战部队作战目的不是对堑壕、交通壕实施整体摧毁,而是杀伤堑壕、交通壕内部署的有生力量。这些有生力量在堑壕、交通壕内的准确部署位置,即堑壕、交通壕上的单兵掩体、猫耳洞等,可能仅靠空中侦察平台大面积成像是无法准确掌握的。

另外,即便从这些成像的蛛丝马迹中分析得出部分有生力量的位置,但这些有生力量在堑壕、交通壕中的位置会固定不变吗?不会,堑壕、交通壕中的有生力量时刻处于移动变化之中。换句话说,作战对手即便得到堑壕、交通壕的部分内部布局,但也是过时的情报信息。依托堑壕、交通壕的天然隐蔽性能,地面进攻力量始终难以实时准确掌握防守方前线兵力的准确位置。另外,同样谁规定了堑壕、交通壕一定要露天?如果其顶部进行了掩盖伪装,其隐蔽性功能当然也会成倍增加。

再看掩蔽部、掩蔽所、指挥防护工程等筑城工事。显然,这些工事顶部都进行了覆盖、伪装。别说陆基侦察设备依托线性侦察难以发现。即便实施空中侦察,如果其顶部伪装效果能够与周围背景环境融为一体,从空中光学成像中是无法辨识的。也许有人会说,可以使用红外成像进行辨别。没错,如果这些筑城工事顶部只遮盖伪装网或只进行植被、迷彩伪装,也许确实可以通过红外成像辨识。但如果其顶部覆盖上与周围地质相同的2米以上的土质呢?这时即便是红外成像,也看不出明显的暴露征候。也许有人说,可以基于电磁暴露征候进行辨识。也没错！但如果这些掩蔽工事内部结构采取过电磁屏蔽措施呢？也许还有人说，可以基于人员活动、进出路、电磁信号等种类征候进行综合判断。是的，也许经过情报处理的融合分析，确实可以判断出某位置地下有筑城工事。但这需要多长时间？另外怎么判定这些地下筑城工事的类型？有没有可能有些地下筑城工事是假目标？在没有判定出筑城工事真假及类型的情况下，是不是对所有的筑城工事都要进行精确打击？进行准确判定又需要多少时间？

　　从战争实践看，乌克兰看似赢弱，但战争至今乌克兰的军事指挥体系为什么一直没瘫痪？至少没有全面瘫痪？北约强大情报系统的支持毫无疑问是主要原因，也有人说其最高指挥机构不在乌克兰境内，而是部署在境外由北约直接控制，究竟到底在哪里我们只能拭目以待。但不可否认的是乌军十分注重其指挥机构和有生力量的隐蔽。比如当俄军刚进入顿巴斯战场时，藏匿在亚速钢铁厂的亚速营武装人员突然钻出通道对俄军袭击，袭击后快速返回亚速钢铁厂地下通道，之后乘俄军火力打击间隙和不备之时，再次重返地面袭击俄军，俄军因此吃了不少亏。再比如，俄军公布的被摧毁的乌军指挥所大部分都是隐藏在居民区建筑物、高架桥下、树林地下工事内，很少直接暴露在外，这在很大程度上增大了俄军的打击难度。

　　简而言之，一方面我们承认现在的侦察监视技术尤其是空天侦察监视技术对筑城工事的隐蔽性提出严峻挑战，另一方面，我们也要清晰地认知：筑城工事的隐蔽作用，并非指一定让作战对手发现不了任何暴露征候，只要能够减弱暴露征候，就能起到很大作用；并非指从各个视角都要达到隐蔽作用，只要针对主要威胁起到隐蔽作用，就能很大程度上减少杀伤概率；并非指使作战对手始终发现不了，只要能够降低敌侦察发现的时效性，就能发挥不容忽视的作战效能。一句话，无论是进攻作战还是防御作战，以及攻防转换中，筑城是隐蔽作战力量、隐蔽作战行动的有效举措。

阻敌行动的绊脚石：迟滞

其实无论战争形态如何变化，无论作战方式如何变革，机动与反机动、突击与反突击始终是一对矛盾体，始终是作战链条中的重要一环。现代战争快速机动突击是达成作战目的重要方式，能否将兵力快速投送至预定作战地域、能否快速突破敌防御体系不仅直接事关后续作战进程与战局走向，甚至决定战争成败；同样，阻敌机动突击不仅是防御作战、防敌反冲击的重要行动，也是扰乱对手作战行动、破坏对手实现作战目的的重要举措，对扭转战局、乃至战役战略目的的达成具有重要影响。

作为阻敌机动的绊脚石，作为障碍物的重要组成，筑城障碍物毫无疑问在阻止敌机动、迟滞敌作战行动、打乱敌作战计划、破坏敌实现作战目的中扮演着非常重要的角色。

我们从减缓机动速度、迟滞作战行动、割裂作战队形、杀伤有生力量、扰乱作战计划等多个维度进行理论阐释：

筑城障碍物可以减缓敌机动速度。面对机动途中预先或临机设置障碍物，敌有三种处理方式：一是直接强行通过。对于铁丝网等杀伤力不强的防步兵障碍，也许装甲车辆确实可以横冲直撞。但对于三角锥、陷阱、拦墙、石墙、防坦克壕等防车辆、防坦克障碍，坦克车辆如果直接通过，要么会车辆造成损伤，要么会陷入障碍之中。此时再对车辆抢救维修将会耽误、浪费更多时间。二是破除障碍通行。不同的障碍需要不同的破除手段与破除方式，破除手段与破除方式不合适，非但不能有效破除障碍，而且可能会产生次生障碍，需要二次破除。但面对机动途中的障碍尤其是临机设置的障碍，谁也无法保证手边一定就有合适的破障手段。如果去寻找相应破障工具肯定会浪费更多的时间。即便机动时随身随车携带相应破障装备，从遇到障碍到正常通行也要经过减速、停车、勘察、取装、破除、上车、加速等环节，这些环节加起来也需要不少时间。三是绕行通过。当障碍难以破除或破除需要时间较多时，作战对手可能会重新选择道路绕行通过。重新选择道路必然需要重新勘察、重新判断、重新决策，而且还要组织车辆编队调头，这些动作与行动加起来必然要浪费不少时间。另外，通常第一次选择的机动路线往往是最优路线，另选路线的机动距离、道路状况肯定也不如首选路线。

筑城障碍物可以迟滞敌作战行动。筑城障碍物对作战行动的迟滞作用体现在两个方面：一是间接迟滞作战行动。绝大多数作战行动的组织实施，都需要到达预定作战地域才能实施，都需要经过机动开进这一环节。如果在敌必经路线上设置障碍物以阻止敌机动，那么必然会拖延敌到达预定作战地域的时间，敌发起预定作战行动的时间也会相应延迟，甚至会因为错过时机而不得不中止。二是直接迟滞作战行动。障碍物不仅可以设置在机动路线上，也可以设置在阵地前沿前和阵地中。当设置在阵前或阵中时，会直接减缓敌突击速度，削弱敌攻击强度，迟滞敌进攻行动。

筑城障碍物可以割裂敌作战队形。当前沿前或阵地中的筑城障碍物难以克服或敌准备绕行时，敌便不得不调整攻击方向、变换攻击队形。如此一来，其原来预定的兵力部署、兵力编成、任务区分、战术战法、组织指挥可能也不得不相应改变，其最优兵力编组方式、最优部署位置等也便难以释放其应有的作战效能。特别是在山地作战、丘陵作战、通道作战、城市作战时，如果某方向或战场空间设置障碍物的障碍力足够强，便可形成战场割裂，使敌相邻战场难以相互支援，陷敌于整体分散作战，某部于孤立作战之险境。

筑城障碍物可以杀伤敌作战力量。筑城障碍对敌作战力量的杀伤作用同样也体现在两个方面：一是直接杀伤。即当敌没有发现或强行通过没有破除的障碍物时，筑城障碍物会对敌造成直接杀伤。比如，屋顶形铁丝网、蛇腹形铁丝网上的刺钉会对人员造成划伤、刺伤，鸡爪丁、铁丁会刺杀人脚、刺破车胎，钢拒马、三角锥会顶毁车辆底盘，拦障会撞歪、撞斜、撞变形装甲装备的炮膛、炮塔等。二是间接杀伤。即当敌遇到障碍物减缓机动进攻速度、实施破障以及变形调整队形时,可以乘机对敌实施密集火力杀伤。此时,在障碍物的迟滞作用下,一方面,由于快速运动目标变为对相对静止目标,射击精度会大大提高,另一方面,由于进攻方遇到障碍后不仅会心理压力增大,而且可能会整体陷入队形混乱、指挥无序的状态,此时相对防守方来讲作战能力会大大减弱,战斗伤亡也会大大增多。

筑城障碍物可以打乱敌作战计划。如果障碍物设置得足够多、足够强,使敌根本无法破除,或者使敌确信防守方做好了充分作战准备,强行破除会产生难以接受的伤亡代价,敌很有可能会大幅度改变作战策略、调整作战计划,甚至会改变作战决心、放弃作战行动。这绝对不是夸大其词。"二战"时期,一定程度上讲,正是因为马其诺防线太难攻破,德军才不得不被迫调整黄色方案;海湾战争时期,某种程度上看,正是为了避开萨达姆防线,美军才不得不设计出左勾拳行动。这些历史上的战争实践用铁一般的事实,例证了那些看似不起眼的障碍物的确能够撬动整体作战计划的调整改变。

在信息化智能化程度如此高的现代战争中,可能很多人对那些看似简单且又土又跟不上时代的筑城障碍物,究竟是否真的能够起到迟滞阻止作用提出质疑。我们以大家常见的几类筑城障碍物进行简要例证。

众所周知,为防止敌方步兵突破筑城障碍物,可以在敌必经路段快速设置制式蛇腹型铁丝网。也许设置一列蛇腹型铁丝网,很多步兵可以轻易跳跃而过,但如果前后设置多列、上下设置多层呢？还能轻易过去吗？也许有人会说，这些障碍物可以用装甲车辆直接推铲，但如果在铁丝网各列间及其下方再布设一些拒马、菱形拒马、金属刺钉、三角钉呢？还敢直接推铲吗？再比如，还可以在适合植桩的场地设置屋顶型铁丝网，这种障碍虽然设置相对费时，但障碍效果也更强。其最上面的刺线高度通常有1.2米左右，最低的一道刺线离地面高度仅仅有20厘米左右，两道刺线的中间还有数道刺线。这么多道刺线纵横交错，敌方想匍匐前进都不行！想跳过去也办不到！这种障碍力能不能阻止迟滞进攻？

再看防坦克障碍物。为阻止坦克车辆机动，可根据坦克车辆的履带长度、攀高能力、底盘高度挖掘防坦克壕，壕宽为履带长的1/2～3/4。当坦克跃过时，车身会因为失重前头掉进壕沟，但尾部还没有进入壕内。如此一来，车辆坦克既进不去、也出不来。这种方法看似土，但非常实用。也许有人说，这种障碍物用土回填不就可以轻松克服了？没错，如果只有这一种障碍物可以采用这种方法。但如果在防坦克壕前再布设一些钢拒马，工程机械无法靠近怎么办？另外调动工程机械，克服这些障碍会不会减缓机动进攻速度？再比如，通过新闻网络，我们看到在乌克兰街头设置有很多废弃轮胎。很多人可能会有这些轮胎有啥用的疑问，车辆装备直接压过去不就行了？是的，一列一层轮胎车辆装备可以直接压过去，但还敢以高速状态通过吗？肯定不会，因为速度过高会直接抛锚。多列多层轮胎还能轻易通过吗？也许有人会说这种障碍人工方式就可以移除，但人工移除不需要停止车辆前进、不需要时间吗？

再看防空降障碍物。可在敌预定空降地域布设空中缆索、刺钉等障碍。试想对于准备机降的直升机，如果提前发现这些空中缆索还敢不敢机降？肯定不会，因为如果碰上或旋机翼被缠绕，就是机毁人亡。如果悬停待破除之后再机降，是不是影响与迟滞了后续行动？如果伞降之敌发现地上的刺丁，怎么降落？如果临机改变降落地域，能不能在降落前找到安全位置？新的降落地域离后续作战地域有多远，会不会影响后续作战行动？

再看海上障碍物。可在出海港、必经航道、近岸海域地域设置离岸浅堤、沉船、集装箱、消波块等障碍物。试想如果待大型游轮、民用商船等靠近敌出海港时，突然将其损毁沉水，敌军舰怎么出港？这么大的障碍物怎么破除，破除需要多少时间？如果在敌必经航道或作战海域设置水下铁索，高速行驶的军舰遇到后会发生什么样的结果？海上机动作战怎么实施？如果在敌抢滩登陆地段和港口设置大量离岸浅堤、消波块，敌登陆舰怎么靠港、登陆兵怎么涉水抢滩？这些一般炮弹打上去基本没什么反应的大型筑城障碍物应该怎么破除？破除这些障碍物需要多少时间？破除太慢或破除不了会给登陆作战带来多大影响？

总之，筑城障碍物在战争中承载、担负和演绎着阻止机动、迟滞行动的重要作用，即便在战场空间多维、作战进程加快、时间要素升值的现代战争中也是如此，甚至更是如此。

第七章　窘境：筑城的时代窘境

　　现代战争，侦察监视技术的日新月异，使筑城工事变得无从遁形；精确打击能力的持续提升，使传统筑城工事变得岌岌可危；快进快打快退的机动作战，使筑城工事难以在短时间内快速完成；多维立体战争的全面展开，使传统筑城理念、筑城方式显得如此力不从心……时代的前进，促使军事必须随之变革发展。正视问题是一种态度，也是一种认知考验。站在时代方位之下，我们不得不承认传统筑城这一盾确实有些难以招架侦察打击这一矛的进攻了，确实有些跟不上战争形态和作战样式的发展了。对于筑城面临的时代挑战，理应客观正视和深度剖析。

　　本章为筑城矛盾论。

"天网地眼"让筑城无处遁形

　　随着信息技术、卫星技术、侦察监视技术的不断进步与融合发展,战场侦察、战场监视、战场预警手段显著改善,无人机、卫星、雷达等各型先进侦察监视设备涌现战场,尤其是部分军事强国构建了全球分布式情报监控侦察网络,能够全方位、不间断、无缝隙、近实时地感知、收集和处理战场情况,将整个战场态势尽收眼底。可以不夸张地讲,现代的侦察监视能力已经到了战场透明的程度;可以不夸张地讲,现代战争包括筑城工事在内的任何战场目标都很难逃脱现代侦察监视设备的"法眼"。

侦察监视范围变得"无限广袤",一切筑城工事与筑城活动都在其视线之中。当今美俄等军事强国的侦察监视能力可以覆盖整个战场,能够对作战地域实施立体多维、全纵深、大面积侦察监视。一是侦察监视疆域拓展。比如美国的RQ-4全球鹰无人机昼间侦察监视区域可达10万平方千米,一次拍摄成像范围可达136 900平方千米;U-2侦察机最大作战半径2 800千米,EP-3E电子侦察机可在740千米外进行雷达侦察。基于以上侦察监视设备的战技术性能,不难看出当前侦察监视设备的侦察范围已由浅近纵深向大纵深、全空间延伸拓展。这意味着什么?这意味着作战对手可以足不出户掌握千里之外的战场情况,这意味着只要作战对手将侦察监视设备对准战场,整个作战地域的阵地构筑活动与阵地构成可以一图成像。

二是侦察监视领域拓展。随着光学侦察、红外侦察、雷达侦察、电子侦察、网络侦察等各型侦察监视设备的出现,不仅可以对视域范围的目标实施可见光侦察,而且侦察监视到目标的红外、电磁等暴露征候,侦察监视的维度可以覆盖陆、海、空、天、电磁、网络、心理等各域空间。这意味着什么？这意味着所有战场空间的所有类型的军事行动都不可能绝对处于侦察监视范围之外，因为它们总会有这样那样的暴露征候；这意味着只要进行筑城活动，只要筑城工事的内部设备设施工作运行，现有侦察监视手段总能从"蛛丝马迹"中发现端倪。

三是侦察监视时域拓展。当前美国在轨的3颗"长曲棍球"卫星，利用合成孔径雷达可以克服云雾、雨雪、黑夜等条件限制，具备全时段、全天候对重点作战地域实施不间断侦察监视；美国现役最先进的海洋监视卫星"联合天基广域监视系统"（共5组10颗），利用双星组网工作模式，可以全球范围内实施全天候不间断侦察监视。这意味着什么？这意味着作战对手的侦察监视一直在运行，没有"休息""歇脚""闭眼"的时候；这意味着即便在黑夜、雨天、大雾时段进行阵地构筑，也在作战对手的侦察监视之下，没有哪个时段是绝对安全、绝对隐蔽的。

四是侦察监视频域拓展。适应武器系统工作频域向高低端延伸拓展的趋势，当前侦察监视设备已基本实现频域的全覆盖。比如美军的侦察系统预警链，已具备广域普查、局部详查能力。换句话说，即便没有光、声、形等暴露征候，但由于不同性质的物体产生的频谱不同，作战对手也能根据战场目标产生频谱的频域这一无形特征分析判断出背后有形的目标性质与类型。这意味着什么？这意味着看似伪装得天衣无缝的阵地体系，但在侦察监视的透视镜下可能完全处于裸露状态；这意味着看似做得非常逼真的假目标，可能被作战对手一眼就可看穿。

侦察监视视角变得"无孔不入",隐蔽的筑城工事不再隐蔽。现在的侦察监视设备一方面向远延伸、向大拓展,另一方面向微小、狭窄、地下、水下空间渗透。不夸张地讲,当前世界很多国家的军队完全具备对重点作战地域进行无死角全覆盖侦察监视的能力。而这种覆盖"死角"的侦察能力主要得益于当前微型无人自主技术与无人自主装备的成熟运用。比如,全球首款室内侦察战术无人机——美军的(LOKI)MK2无人机,采用"夜间+红外摄像头"载荷,能够在室内黑暗环境下自主识别选择路线、发生碰撞时自主调整纠偏,且具有防干扰、无信号延迟的优点;俄军在乌克兰战场缴获的"黑黄蜂"微型无人侦察机,长度仅有16.8厘米、但飞行速度则可达每秒5米;美军海军陆战队使用的XM1216小型侦察车,看起来像小孩的玩具大小,但其传感器可全角度调整,且不受室内空气密度、温度、可视度的影响。

那么我们有没有想过这些微小型无人自主侦察设备应该怎么运用?会对微小空间侦察监视行动带来多大便利?直观感受,可以使用微型无人侦察机破窗进入室内空间,对室内作战会议参会人员的一举一动、会议内容进行全程录播;可以使用小型无人侦察车秘密进入地下库室,摸清库室的内部结构、基本布局、设施设备;可以使用无人侦察艇跨海渗透至作战对手的港口码头、军事基地,对其一切近海、浅海活动实施不间断侦察监视。值得一提的是这些无人自主侦察设备不仅体形灵巧,而且成本低廉,可以广泛应用于战场。试想,如果这些侦察设备投入丛林作战,原来依托植被隐蔽功能构设的指挥工事还隐蔽吗?如果这些侦察设备投入山地作战,原来躲藏在山洞、山体坑道中的作战力量还安全吗?如果这些侦察设备投入城市作战,还能确保地下指挥工程一直不被发现吗?地下指挥工程内部还有什么秘密可言吗?

侦察监视情况变得"清澈见底",各类筑城工事能够清晰可辨。现在的侦察监视能力不仅距离更远、范围更大、时间更长,而且看得更清、更准、更透,侦察监视的精准性大大提升。这主要得益于以下几个因素:一是侦察监视设备分辨率更高。比如,美军的 U-2 战略侦察机装有高分辨率成像系统,能在 15 000 米的高空对 200 千米×4 300 千米的作战地域拍出清晰照片;搭载可见光、红外、多光谱传感器的"锁眼"系列成像侦察卫星,光学地面分辨率最高可达 0.1 米,红外分辨率最高可达 0.6～1 米;"长曲棍球"雷达成像侦察卫星合成孔径雷达地面目标分辨率可达 0.3 米。只说这些分辨率数字,可能很多人没有直观概念。打个比喻,这意味着不用其他侦察设备,不用抵近侦察,仅仅使用侦察卫星,就能看到地面上的人。这种分辨率意味着什么?意味着也许阵地正在进行构工的人员没有看到任何侦察设备,但敌人早已在万米高空之上通过卫星成像对地面构工的人员数量、各类工事位置等看得清清楚楚。

二是侦察监视手段更多,能够融合印证。从侦察监视技术来看,当前的侦察手段有光学侦察、红外侦察、雷达侦察、声纳侦察、电子侦察、雷达侦察等;从侦察监视平台来看,当前的侦察手段有陆基侦察平台(侦察车、传感器、侦察兵等)、海基侦察平台

（侦察艇、侦察船等）、空基侦察平台（战略侦察机、战术侦察机、小型多旋翼无人侦察机、侦察气球等）、天基侦察平台（卫星）；从侦察监视载体看，有语音、图像、信号、视频等；从侦察监视力量看，涉及陆、海、空、天、网等各军种，以及各军种内部的各兵种。列举这么多分类方法与类别，重在说明现代战争获取战场情况的手段更加丰富、渠道更加多样。这意味着什么？这意味着可以多方向、多层次、多渠道对同一作战地域实施侦察监视；这意味着即便某一方向、某一力量获取的战场情况不全，可以通过其他方向、其他力量的侦察监视情况进行补证；这意味着在多种情报信息、多个维度印证之下，可以清晰地辨别阵地构成以及工事与障碍物的数量与类型。

三是借助智能算法，情报分析能力更强。随着新兴信息技术、大数据、人工智能等技术的日益成熟与向军事领域的深度运用，现在的计算机信息系统不仅统计计算能力更强，而且具有自主学习、自主筛选、自主判断的能力。具体来看，在大数据、AI算法支撑下，可以对不同信息进行关联分析，对相似信息进行差异对比，对海量信息进行筛选比对，从而大大提高情报分析的科学性、准确性。试想，在这种技术支撑下，情报分析还有什么任务量顾忌？如果将警戒阵地、炮兵阵地、防空兵阵地、指挥工事、观察工事、火炮掩体、导弹掩体等阵地工事成立标准样本数据库，那么利用智能算法将侦察获取的阵地工事成像与标准样本数据库对比分析，分析判断各个阵地、工事的类型还有什么难度？

简言之，我们不得不承认在现在"天网地眼"的侦察监视体系下，战场透明度越来越高，战场死角越来越少，战场目标与作战行动隐蔽越来越难；我们不得不承认在当前全方位、高精度、无死角、不间断的侦察监视技术能力下，传统土工作业的筑城活动已经陷入暴露无遗、无处遁形的局面。

"多方精打"让筑城防不胜防

筑城因应对打击而出生，筑城为应对打击而存在。理论上，打击能力每前进一步，筑城能力就应提高一次。实践中，筑城也确实一直努力与武器装备同步前进、同步发展。但如今，军事领域这一矛盾体的历史进程似乎因精确制导武器和精确打击方式的出现而发生改变，精确制导武器和精确打击方式似乎远远地把筑城甩在了时代的后面。

自古以来，从冷兵器战争的弓箭到热兵器战争的枪炮，再到机械化战争的炮弹，武器使用者无不希望能够百发百中、一招制敌，无不希望将武器装备这一矛打造的锋刃更尖锐、射程更远。但受制于技术手段的发展，至20世纪70年代，几千年来武器装备的命中率一直都不是太高，远距精确打击能力更是差强人意。

据统计，仅"二战"时期，近距离击毁一艘战舰需要炮弹几十发，远距命中需要炮弹1 000～2 000发；命中一架飞机需要枪弹5 600发；2万发子弹才能命中一个敌人。越南战争中，从1965

年到1972年的7年时间,为拿下北越南北运输的咽喉——"清华桥",美军先后出动F-105轰炸机、F-100歼击机、RF101侦察机、A-4E等上百架次飞机,使用成吨的各型炸弹,但始终效果不佳,"清华桥"犹如一座抗美的精神丰碑一直高昂地屹立在战火之中。

当历史的指针走进20世纪70年代,微电子、计算机等高科技军事技术迅猛发展,为精确制导武器的诞生奠定技术基础。1972年5月11日,美军F-4战斗机搭载9枚"宝石路"激光制导导弹,全部命中北越清华桥的同一位置,清华桥就此倒塌。至此,精确制导武器正式亮相战争舞台,并且凭借其骄人的战绩,精确制导武器开始赢得世人广泛关注。1982年英阿马岛战争,"响尾蛇"空空导弹、"飞鱼导弹"等精确制导武器开始广泛运用于战场,尤其是一枚价值20万美元的"飞鱼"导弹成功击沉价值23 000余万美元的"谢菲尔德"号驱逐舰,彰显出精确制导武器的不菲效能,使精确制导武器名声大噪。1991年海湾战争中,以美国为首的多国部队在战争中共使用8.4万吨弹药,其中精确制导弹药高达7 400余吨,数量占弹药总数的9%。1999年科索沃战争,以美国为首的北约轰炸南联盟,共使用23 600余枚空中弹药,其中精确制导弹药数量高达8 000余枚,占比近35%。2001年阿富汗战争,在第一阶段大规模作战中美军使用精确制导武器占比约60%。2003年伊拉克战争,英美联军共使用约29 200枚空中弹药,其中精确制导弹药占比高达68%。至后,在黎以冲突(2006年)、格鲁吉亚战争(2008年)、利比亚战争

（2011年）、叙利亚战争（2011年至今）、也门战争（2015年至今）、俄乌冲突（2022年至今）等历次战争冲突中，各型精确制导武器成为战争中的常客与主角。尤其值得一提的是，俄乌冲突中无人机挂载弹药自主打击、"美团"派单式打击，又一次推出了精确打击的新范式，将精确打击推向了新高度。综上所述，当前精确打击已成为一种主要打击方式，已成为一种战争常态。

每一次武器装备的革新，都会给筑城提出新的要求；每一次打击方式的升级，都会给筑城带来新的挑战。面对当前战场涌现的精确打击武器，我们需要清醒地认知与客观承认：筑城这一战争之盾，确实有些招架不住精确打击这一矛的进攻了。

隐形突防，让筑城难以感知发现。当前精确制导武器一般均具备超视距、防区外打击能力。比如近程防区外制导武器射程通常在100～1 000千米，中程防区外制导武器射程高达1 000～3 000千米，远程防区外制导武器射程3 000～8 000千米（不同国家可能划分标准有所不同）。另外，很多型号的制导武器与制导弹药更加注重与发展自身的隐身突防性能。比如美军的增程型防区外空地对JASSM-ER巡航导弹，采取隐身设计，能够有效规避作战对手的导弹防御系统。俄军的"伊斯坎德尔"巡航导弹，利用地面弧与雷达的矛盾点，能够穿越防空反导系统；俄军的"KH-101"巡航导弹，通过抛射诱饵弹，欺骗防空雷达和防空导弹，也可以突破作战对手的防空系统。号称"来无影、去无踪"的英国的"风暴阴影"巡航导弹，能够绕过不利地形和防空火力网，具有极高的隐身突防能力。试想，在上千千米的防区外发射,谁能看得见?在看不见的情况下,谁能知道其究竟在什么地方发射、什么时候发射?试想如果防空反导系统都无法感知、无法拦截,那么当其突破防空反导系统直接到达阵地头顶时,什么武器装备能够防得住?筑城工事除了被动挨打还能做什么?

高精命中,让筑城难以侥幸生存。对于普通的炮弹、航弹,由于其命中精度不高,通常几发炮弹下来筑城工事特别是地下筑城工事还有很大生存可能。但现在精确制导武器的命中概率普遍在50%以上,有的甚至高达80%。其中,近程制导武器命中精度误差在0.1~1米,中程制导武器命中精度误差小于10米,远程制导武器命中精度误差为10~15米。这是什么概念?这意味着只要进攻方想打,2枚近程制导武器基本可以精准命中一个单人掩体(75%~96%),2枚中程制导武器基本可以命中一个班掩蔽部或坦克掩体(75%~96%),2枚远程制导武器基本可以命中一个师旅级指挥所(75%~96%)。试想,在如此命中精度下,一旦作战对手掌握了阵地部署的准确坐标位置,一旦作战对手决定实施精准打击,什么筑城工事能够侥幸逃脱被精确制导武器斩杀的命运?

高能杀伤,让筑城抗不住打击。有人说精确制导武器打得更准了,可以减少对平民的误炸误伤,是战争文明的进步。对此观点,我们不做过多评价。但不可忽视的是,精确制导武器的杀伤力可不小。比如美制GBU-31"杰达姆"卫星制导联合攻击弹药,2023年10月18日在加沙地带爆炸,至少造成4 000人死亡，爆炸威力相当于2 000磅弹药，堪与核武器媲美。俄罗斯的X-59"高精度混凝土穿破"空地导弹，能够轻松穿透深3米的钢筋混凝土，具有巨大的杀伤力和穿透力。讲到这里，也许有人已经开始惊叹于制导武器的杀伤力。但如果看到下面这款制导武器，相信很多人会有小巫见大巫的感慨了。2021年，美国试射了一款"GBU-57"巨型钻地导弹，该导弹理论杀伤力可穿透60米深的混凝土或者200米的普通土壤。试想，在如此高能的杀伤力下，除了像美国的夏延山军事基地与韦瑟山绝密工程、俄罗斯莫斯科伏龙芝指挥中心、北约地下战略指挥中心等防核爆级战略指挥工程，什么筑城工事尤其是野战筑城工事能够抗得住这些武器的打击？如果阵地上的筑城工事遭受这些武器打击后，还有多大的生存可能性？

高速突袭，让筑城来不及转移。与传统普通炮弹、航弹相比，精确制导武器的另一典型特点是自身拥有前进动力，打击速度成百倍、千倍提升。比如，俄军"先锋"高超音速导弹最大速度达到27马赫，美军LGM-118"和平卫士"洲际导弹最大速度达到26马赫，就连近距"响尾蛇AIM-9"空空导弹速度也达到2.5马赫。这是什么概念？按照1马赫相当于每小时1 224千米计算，意味着导弹速度达到每分钟几十到几百千米，意味着突袭即打击，意味着不给防守方反应时间。试问，几分钟之内，什么阵地工事来得及转移？说句可能扎心但非常现实的话，可能很多国家的军队连防空预警信息都未能传达至一线阵地。

多向打击，让筑城防不胜防。当前制导武器发射平台多种多样，既采取空地打击、地地打击，也可以采取海地打击、天地打击，甚至可以采取人工便携式打击。在火力突击阶段，特别是对于战场高价值军事目标更是多种打击方式并用。换句话说，即便防空反导系统拦住某一方向来袭导弹，其他方向来袭导弹也未必能够完全拦得住。只要一个导弹没有拦住，就会命中目标。这意味着什么？这意味着只要进攻方下决心从多个方向对某一筑城工事实施精确打击，要想完全防住"导弹雨"异常困难。

另外如果进攻方采用"无人机＋精确制导＋炸弹"的方式实施打击，由于无人机体形小、飞行高度低，非常容易突破防空预警系统。并且这种精确打击武器可以空中悬停校正，能够对战场目标实施定点精准自杀式打击。最为关键的是这种精确打击武器成本非常低廉，可以大量投入使用。如此一来，对单人掩体、车辆掩蔽所、物资掩蔽所、班掩蔽部等低价值目标，也可以毫无顾忌地实施精确打击。试问这种情况下，会对筑城工事带来多大威胁与挑战？此外，如果将信息化、智能化、大数据技术运用于战场目标感知、分配与打击，采取类似"美团派单"方式，将目标与打击单元精准匹配，是不是又间接地提升了传统武器打击的效率与精度？试问在这种打击方式下，筑城工事生存率又会降低多少？

总之，我们要客观承认，面对层出不穷、广泛运用的精确制导武器，面对信息化智能化技术支撑的精确打击方式，现有筑城工事确实有些力不从心、确实有些防不胜防。

"进程缩短"让筑城跟不上节奏

无论是防御作战的阵地工程,还是进攻作战的战场建设,筑城的根本宗旨是服务作战需要。而服务作战需要的前提,就是与作战行动相融合,与作战进程相一致,与作战节奏相匹配,就是战争发展到哪里,筑城就跟进到哪里,就是作战进展到什么时节,筑城就构筑到什么时节。但遗憾的是,这一理论逻辑与作战实践并非完全一致。

传统战争,战争持续时间长、作战节奏慢,战争呈现为旷日持久的消耗战。主要表现:一是车辆装备机动速度慢、武器装备射程近,要经过长时间的战场机动才能到达预定作战地域,要先将武器装备机动投送至发射阵地才能摧毁打击预定的军事目标,完成军事部署需要时间长。二是武器装备打击精确低、杀伤力弱,不能准确高效摧毁战略战役高价值军事目标,不能将敌一剑封喉、一击致命,敌具有喘息、还手机会,作战过程呈现为反复争夺、攻守易位的拉锯战。只有一方综合国力与战斗意志消耗殆尽,战争才会结束,达成最终战略目的需要时间长。三是信息传输设备落后、信息传输效率低,整个作战指挥链路运行速度慢,指挥信息从下达到接受再到执行的周期长,作战节奏慢。

比如,第一次世界大战从全面展开到结束持续 4 年,第二次世界从全面展开到结束持续 6 年(世界各地域有所不同,如中国的抗日战争持续 14 年),越南战争前后持续 20 年,朝鲜战争持续3年。不过正是在这种长周期、慢节奏的作战环境中,筑城这一相对缓慢的阵地工程构筑能够跟得上作战节奏,能够满足作战需要。

当然之所以说筑城是一个相对缓慢的过程,是有原因的。因为进行阵地工程构筑时,需要提前进行勘察,结合地形确定阵地与工事位置,需要结合作战需要确定各类工事、障碍物的类型与数量,需要拟制阵地工程构筑计划,需要提前准备各种物质材料,需要花费大量物力、人力进行制作,需要将各类筑城工事和障碍物运输至现地部署……每一个环节都需要时间,每一个环节都不能出错,如果错了,还需要更长时间进行更正、补救。

随着信息技术、工业制造技术的不断进步,车辆装备的机动速度越来越快,武器装备的打击距离越来越远,打击速度越来越快,信息传输效率越来越高,作战进程不断加快,不仅战争总体持续时间缩短,而且作战节奏明显加快、攻防转换更加频繁。比如,从1990年8月2日开始至1991年2月28日结束,海湾战争持续210天;从1999年3月24日开始至6月10日结束,科索沃战争历时78天;从2001年10月7日开始,至11月13日反政府武装北方联盟入主首都喀布尔,阿富汗战争第一阶段持续时间只有37天;从2003年3月20日开始至4月15号联军主要军事行动结束,伊拉克战争持续时间不到一个月。再看美军杀伤链闭环时间,海湾战争中需要80~101分钟,科索沃战争缩短到30~45分钟,阿富汗战争进一步缩短到15~19分钟,而在伊拉克战争时期则只需要10分钟左右。到了2020年,美军完成杀伤链闭环最快只需要20秒。一句话,现代战争作战周期越来越短,作战节奏越来越快。

并且不难预测,随着科技的进一步发展,随着指挥控制手段信息化智能化程度的不断升级,随着无人自主武器装备在战场上的广泛运用,以及智能自主感知、智能自主判断、智能自主决策、智能自主行动、智能自主评估的能力形成,感知、判断、决策、行动、评估将耦合一体,指挥流、信息流流转速度会更快,整个指挥链、杀伤链的周期会进一步缩短,作战节奏会更快。

反观筑城技术与筑城方式的发展,不夸张地讲,仍然还停留在机械化战争时期。筑城技术手段主要还是采取人工、机械、爆破的"老三样",筑城方式主要还是地上堆砌和地下开挖,远远跟不上现代战争的作战节奏。具体来说,体现在两个方面。

一是防御阵地构筑时间长,来不及抵御进攻打击。对于防御方,除了战略指挥工程通常提前几年几十年构筑,其他野战阵地工程一般会根据敌人的主要进攻方向确定。但现代战争高度强调行动发起的突然性。战争什么时候发起、主要进攻方向是哪里、重点打击什么目标,进攻方通常会高度保密,不到战争打响甚至进展到一定程度,一般看不清看不透。从战略战役角度看,当战争突然发起,从进攻方超视距防区外发射"导弹雨"开始至弹药落入防御方阵地,整个过程可能只需要几分钟至十几分钟。这么短的时间,防御方根据进攻方意图来构筑有效的阵地工事,多数战略战役目标可能会被进攻方打掉。从战术角度看,现在进攻方机动开进速度快,可以凭借机动优势广域快速调动兵力、灵活转换战场；当防御方判断出进攻方的主要进攻企图、主要进攻方向、主要打击目标时，可能已经兵临城下，要想再去临时构筑完美的阵地体系可能为时已晚。

二是进攻阵地构筑时间长，来不及及时跟进转移。抢先一步、快敌一拍、以快吃慢是现代战争的重要制胜策略，快速广域机动是现代战争的主要作战方式。能否夺取作战主动，能否制人而不制于人，能否快速达成作战目的，在很大程度上取决于能否快速到达预定作战地域，能否先敌一步发起作战行动。因此，对于进攻方来说，为达成作战的突然性，为快速实现战役战略目的，会加快机动投送速度，会尽快发起作战行动，会快速转换作战节奏，以期以迅雷不及掩耳之势打防御方于措手不及。试想，如果进攻方以每小时近百千米的速度机动，推、挖、装等工程机械怎么跟得上，怎么在其休息地域开挖那么多的车辆掩蔽所？怎么在沿途道路上对机动车辆实施水平遮障、垂直遮障等伪装防护？如果进攻方为达成进攻的突然性，一个作战行动完成后继续实施机动与发起下一个作战行动，怎么确保在下一个作战行动地域构筑坦克掩体、车辆掩蔽所、指挥所掩蔽部？如果集结地域、进攻出发阵地、配置地域位置暴露，防御方突然受到打击，进攻方需要快速调整兵力部署、快速转移阵地，怎么能够快速构筑新的阵地？

三是攻防转换频繁迅速，来不及构筑不同地域、不同性质的阵地体系。现代战争绝对不是单纯的你攻我守，也不是单纯的我退你进，而是作战双方互有攻防、互有进退。同一时间，进攻方会对防御方进攻打击,防御方也会对进攻方进行打击;不同时间,可能此时进攻方对防御方进攻打击,彼时防御方可能会对进攻方采取攻势行动;不同地域,有的地域可能进攻方作战行动发展顺利、以攻为主,到了新的地域可能进攻受挫需要采取防守行动、以守为主。不同的行动性质需要不同的筑城工事与筑城障碍物,不同的地域需要构筑不同的筑城工事、设置不同的障碍物。试问,如果进攻方在进攻过程中为防敌反冲击立即转入防御,以现有的构筑手段怎么确保能够快速构筑起防御阵地以保护自己?如果防御方在防守过程中适应战场态势采取攻势行动,以现有的构筑手段怎么确保能够快速构筑进攻阵地以抓住战机?试问,在如此短的时间内如此快速频繁转换攻防,这么大的工程量怎么完成?阵地工程构筑相应的材料、物资、工具怎么保障?

  理解了这些,我们重新审视近几场战争可能就理解了为什么美军很少构筑阵地工程(对此,可能有人会认为美军太强大了,强的没有哪支军队能够突破其头顶的防空体系,没有什么毁伤威胁。此观点有一定的合理性,但我们认为有失偏颇)。其实不是美军不想构筑,而是他们的筑城方式、筑城手段也跟不上现在的作战节奏。

  总之,是现代战争形态演变太快也好,是筑城技术发展太慢也好,当前筑城速度跟不上作战节奏,不是某个国家某支军队的特殊现象而是全球性的普遍现象;筑城手段与筑城方式适应不了现代战争需要,不是某场战争的个别矛盾而是整个时代的战争一般矛盾。这是已经出现的客观现实。对此,我们要客观正视。

"空间多域"让筑城触手难及

说到底,筑城的根本价值是用于战场防护,是服务于作战行动。即理论上,武器装备的触角延伸到哪里,哪里就应该有筑城;作战行动发生在哪里,哪里就应该有筑城;战场空间拓展到哪里,哪里就应该有筑城。但简要环顾现代战场,我们会很轻易地发现现实好像并非如此,我们会很轻易地发现筑城的舞台好像主要在陆域。

的确,陆域作战中筑城是一种重要的防御手段,陆域是筑城产生、发展与释放作战效能的天然母体,是筑城演绎历史荣光的主要舞台。构筑在地上、地下的筑城工事可以为官兵提供遮蔽和掩护,防止敌方的直接攻击和轰炸;设置在地表的筑城障碍物可以有效地阻挡敌方的进攻。单人掩体、观察所、射击工事、人员掩蔽部、车辆掩蔽所、三角锥、铁丝网、防坦克壕、陷阱、拦障……我们能够想得起来的筑城工事与筑城障碍物好像大多数都存在于陆域,好像大多数都是用于陆军部队的防护及确保发挥陆战武器装备的效能。讲到这里,再回想一下人们通常会把筑城与土工作业联系在一起,可能就是这个原因吧。

但现代战争的参战力量不仅仅是陆军,而是陆、海、空、火箭军、航天部队等多军种力量；武器装备不仅仅是坦克火炮，还有飞机、舰艇、卫星等多种型号类别；战场空间也已不仅仅是陆域，而是陆、海、空、天、电、网等多域空间。并且其他军种及武器装备在战争中的作用价值丝毫不亚于陆军，其他战场空间的作战行动对战争胜负的决定性影响与陆域作战行动相比，有过之而不及。

但仔细思考一下，筑城对其他军种作战力量的防护到底起了多大作用？能不能与其他战场空间作战行动相匹配？客观地讲，现实并不乐观。

从空中作战力量与空中战场来看，当前只有地面上有飞机洞库，才可用以起飞前或降落后防敌空中火力突袭与精确打击；只有在敌预定机降地域可以设置空中缆索或空中飘浮物等障碍物，才能防敌机降。但飞机遭受打击的威胁不只是在地面停放时，飞机在空中机动过程中也可能遭受来袭导弹的打击。那么，我们有没有想过在空中如何设置飞机掩体或其他筑城工事，当飞机可能遭受袭击时，用以飞机防护？如何在飞机起飞地域与机动航线上设置障碍物，阻其机动？讲到这里，可能有人会认为在没有重量承载的空中构设筑城工事与障碍物就是异想天开。但这是不是战争所需？只要战争所需，未来筑城技术一定向此方向发展。

从海上作战力量与海上战场来看，当前只有在近海岸与海外军事基地设置有港口码头，并且大部分港口码头没有对舰艇、船舶的防护设施。试问，如果进攻方使用防区外精确制导导弹对未出海的舰艇、船舶实施打击，怎么防得住？另外作战过程中舰艇、船舶大部分时间处于海上机动状态，在机动过程中如果突然有导弹突破防空体系来袭,这些舰艇、船舶应该怎么防护?如何在海上构筑工事,用以防护长上百米的大型舰艇?如果鱼雷对海下潜艇突然实施攻击,除了自身的主动防护系统,潜艇在海底有没有防护工事?怎么在海底构筑工事?除了防护工事,作为进攻方,为达到突然袭击的效果,能不能为舰艇、潜艇构筑相应掩体,用以掩蔽和保障战斗效能更好地发挥?现实情况是整个海上作战不仅任何防护工事没有,而且说句有些刺耳但十分客观的话,可能没有人思考过这一问题。

从太空作战力量与太空空间看,相信没有人不知道太空力量的重要性,相信没有人不承认太空空间正在成为新的战场空间。尤其是近几年,动能、激光、定向能等新型太空武器层出不穷,太空支援战、太空轨道战、太空封锁战、太空卫星战、太空电子战、太空网络战等太空作战样式逐步浮出视线。在太空战已经逼临的背景下,我们有没有想过如何为卫星构筑防护工事,防止卫星遭受动能武器攻击?如何在太空空间为太空武器构筑掩体,用以攻击太空卫星与实施天地打击?如何在太空构筑物资掩蔽所,用以存储太空物资资源?如何在太空设置障碍物,用以封锁太空空间与阻止太空支援行动?筑城到底能不能走向外层空间?同样,至于能不能,需要未来来验证,但不可否认的事实是:这也是当前筑城没有触及的领域。

从网电力量与网电空间看,在信息主导的制胜策略下,相信没有人对网电力量与网电空间的重要性提出质疑。但当前对网电力量如何防护,网电空间如何构筑工事与设置障碍物确实很少有人思考。比如，构筑什么样的筑城工事，既能防敌硬火力杀伤，又能防敌电磁脉冲武器的攻击，还能确保工事内电磁设备正常发射电磁波？再比如，在网络这一无形空间，设置什么类型的"障碍物"（形态与现有有形的障碍物可能不同，但具有阻止迟滞作用），才能阻止电磁波、数据等信息的流转与传输？这些问题听起来可能有些抽象，其形态也可能与现有筑城工事与障碍物完全不同，但从作战需要看，具有异曲同工之意。

以上简要从各域作战特点角度对当前筑城技术与筑城方式的发展空白进行了剖析反思。其实除此之外，当前多域立体空间的作战方式对筑城还有更高要求。

其一，广域机动作战，筑城难以全面覆盖。综观当前战场，无论是陆域还是海域，无论是空域还是天域，各域作战空间无限延伸。在如此广袤的作战空间中，呈现兵力广域分散部署、武器超视距远程打击、行动全域贯穿实施的特点。在此条件下，有限的筑城力量如何为广域分散部署的兵力构筑掩蔽部？构筑什么样的掩体，既能确保不影响战略杀伤性武器的发射，又能确保不被作战对手侦察发现与打击？当兵力全域远距调度时，以现有的筑城能力，如何远距快速转移阵地工事？

其二，跨域一体作战，筑城难以快速切换。现代战争的作战特点不仅体现在多域部署、多域行动，更体现在跨域行动、跨域协同。尤其是未来三栖作战力量、三维作战行动将会越来越多。比如，既能陆上行驶，又能水中航游，还能空中飞行，亦能太空漫步的多栖武器装备将会出现。而不同战场空间，其面临的威胁不同、打击的对象不同、使用的弹药可能也不同。那么对于这类武器装备，当其着陆时可能需要构筑陆上掩体，当其入海时可能需要构筑海上掩体，当其升空时可能需要构筑空中掩体，当其射向太空时又可能构筑太空掩体，而且各不相同。尤其是由于其可以随意切换机动方式，试问在这种情况下，现在的筑城技术能够满足作战需求的随时切换吗？另外对于这类能跑能游、想飞就飞的武器装备，需要设置什么类型的障碍物才能阻止其机动？可能现有筑城技术也无法做到。

总之，当前筑城工事的防护对象主要是针对陆域空间固定位置的固定目标，对于海上、空中、太空的高机动目标还没有有效技术手段；当前筑城障碍物的阻止对象主要是针对陆域空间的人员与车辆装备，对于海上尤其是深海、空中、太空的目标考虑的还比较少，更别提成熟的技术手段。当前的筑城措施与筑城方式，只能满足陆域空间的有限战场，还无法满足陆、海、空、天多维立体空间的广域跨域一体作战。而这些恰恰又是当前作战之需。

最后，我们承认筑城源于陆域，可能它的舞台主要在陆域；筑城不是万能的，也不能对筑城求全责备。但在军事领域、战争舞台，任何事物都是先有需求后有发展，并且很多时候的确是需求推动了事物的发展与新生技术的出现。也许我们指出的以上问题永远也解决不了，也许我们提出的以上需求永远也满足不了，但如果我们连问题短板都不敢正视，如果我们连作战需求都不敢提，那么在下一场战争中失败的一定是我们。

第八章　铸盾：筑城该何去何从

不了解事物的过去，就看不清事物的未来；了解事物的过去，是为了更好地规划事物的未来。认识筑城的本质，释疑筑城的晦涩、回应筑城的实践、回顾筑城的演变、争论筑城的是非、定位筑城的价值、暴晒筑城的窘境……说到底，都是为了探寻筑城的发展路径。发展路径选对了，不仅筑城专业领域有了续航动力，军队作战能力也会因解决了体系短板而增效；发展路径选错了，不仅筑城有可能就此没落，整个军队体系作战能力也会大打折扣。处在发展转型的关键十字路口，筑城究竟应该如何规划发展？如何才能铸就一樽能够抗得住智能武器装备侦察监视打击，能够适应未来战争形态和作战方式的"战争之盾"？这不仅是筑城人的责思忧虑，也是提升国防力的军队之举。

本章为筑城发展论。

不能单打独斗：综合防护

很多人认为，武器装备发展到今天，以现有打击能力看，别说掩体、掩蔽部了，只要进攻方想打就是钢筋混凝土结构的楼房和一般地下工事也根本防不住，现在筑城还有啥用？

的确，除了类似美国夏延山军事基地等倾举国之力修建的战略指挥防护工程，面对常规武器、战略核导弹等诸多武器装备全方位、大当量、高精度的综合毁伤，任何一种野战筑城工事也不敢夸下任凭武器装备打击也打不毁的海口。

但大家有没有分析过现代战争条件下武器装备的打击为什么这么难防？除单个武器装备杀伤距离、毁伤范围、机动速度等机动打击战技术性能的提升，很重要的两条原因是：

一是在侦察卫星、侦察飞机、水下潜航器、地面传感器等多种侦察手段和大数据系统的支撑下，武器装备的侦察监视能力不断跃升，能够对作战地域实施多方式、全天候、无死角连续侦察和重点监视，战场透明度越来越高，作战目标隐蔽伪装难、暴露风险大，时刻处于被敌锁定打击的镜框内。

二是进攻性武器装备的类型数量增多，打击方式更加多元，杀伤机理更加多样，杀伤距离涉及多个段位，破坏毁伤更加综合。某类筑城工事也许能够防得了 A 类武器装备打击，但防不住 B 种武器装备打击，能够防得住 B 类武器装备打击，又不一定能够防得住 C 类武器装备打击，即在"万箭齐射"的毁伤威胁下,不是防不住某一类武器装备的打击,而是防不住各类武器装备的综合毁伤。

矛是击破盾的矛,盾是抵抗矛的盾。有什么样的矛,就需要什么样的盾与之相适应。现代战争的毁伤是综合毁伤,现代战争的防护也应是综合防护。

我们要树立一种大的防护观,要有体系防护意识:防护是一个系统工程,工程防护是整个防护体系的最后一环。搞好防护,需要体系思维,需要多领域、多手段多管齐下,不能仅靠筑城工事单打独斗。适应现代战争特点,要着力提升阵地工程的综合防护能力。

一是要充分运用自然地理优势实施防护。地理环境是包括作战在内所有社会实践活动展开的基本依托,是防护能力构成的物质基础,是实施防护的天然屏障,充分利用好广袤的国土、复杂的地形对于搞好防护尤为重要。比如连绵的山地、绵长的边界线就是隐蔽和构工防护的极佳位置。1991年的海湾战争中,战前伊拉克在构筑防护工程方面作了大量的准备,有600余架飞机隐藏到深度达40米的混凝土机库里面,坦克、火炮、兵力也藏入地下掩体,一批导弹、坦克和大批共和国卫队进入地下城。尽管多国部队空袭和导弹袭击非常猛烈,连续38天狂轰滥炸后,伊军的地面军事设施几乎全部被毁掉,然而藏于地下防护工程80%的飞机、70%的坦克、65%的火炮和装甲车辆得以保存。战后的伊拉克之所以还能作为中东的一个军事大国,可以说防护工程的作用是功不可没的。

1999年的科索沃战争中，由于受地缘政治的影响，南联盟一直具有居安思危、注重备战的传统。自"二战"以来特别是在冷战时期，南联盟利用山多的地理优势，在全国各地修建了现代化程度较高的防空设施。比如加大型洞库、地下指挥通信网、掩蔽部以及物资仓库等，所有的高层建筑都有地下防空设施。这些抗毁能力强的防护工程在抗击北约的精确打击中发挥了重要作用。所以当北约宣布击毁了南联盟位于普里施地纳机场附近的飞机洞库，实际上只是摧毁了洞口，飞机在洞库中很安全。科索沃战争结束以后，当南联盟11架米格-21战机从机场地下掩蔽工事安全撤出来的时候，北约感到十分震惊。另外，综观美国的夏延山军事基地、莫斯科地下指挥中心、816工程等世界顶级战略防护工程，基本都是以山体为依托或直接建造在山体之中，都特别注重利用地理优势实施防护。当然，地形的防护优势不只局限于提升抗力等级本身，还体现在能够有效增强阵地防护的稳定性。比如，充分结合地形特点和利用地形优势，守要点、卡隘口、控要道，可以增强阵地的韧性，起到"一夫当关，万夫莫开"之作用。

二是通过体系布局增强综合防护。攻中有防，防中有攻，攻防一体。防护不是掩蔽工事自己的事，仅靠掩蔽工事进行防护是最被动的防护，仅靠掩蔽工事被动抗打根本也防不住。兵力、火力、工事、障碍物是一个有机整体，依托工事和障碍物，部署好兵力、火力，不仅可以直接有效杀伤敌人，而且通过杀伤敌人也能间接削弱进攻方对阵地工程稳定性的威胁，反向增强阵地防护的稳定性。所以,规划设计阵地工程防护时,要统筹考量兵力部署、工事构筑、障碍物设置等作战体系要素,统筹考量兵力突击、火力打击、综合防卫等作战行动,统筹考量进攻与防御、防御与反击等作战时节转换,将障碍物、掩蔽工事、堑交壕体系设计、相互连通,使工、兵、火、障相互结合、互为支撑,构建打、阻、动、藏于一体的阵地体系,提升阵地的综合防护能力。从马其诺防线到齐格菲防线,从远东防线到曼纳海姆防线,从巴列夫防线到萨达姆防线,皆为如此。根据外军利用电子计算机进行的仿真模拟表明:同样的条件下,同一阵地在没有障碍物时,抗冲击的概率为14%,有障碍物时,抗冲击概率上升为39%,有障碍物比没有障碍物阵地稳定性提高了25%。

  三是注重干扰拦截提升主动防护能力。进攻是最好的防御。面对当前进攻性武器装备无坚不摧、及时精准的打击能力,仅靠被动抗打进行防护已几乎不可能。防护目标要由原来的打不毁向打不上转变,防护段位要由原来的末端防护向尽远防护转变,防护方式要由原来的被动防护向主动防护转变,防护手段要由原来的硬防护向软硬结合防护转变。尤其是随着武器装备信息化智能化程度的提升,主动防护显得尤为重要。

  比如,可在敌来袭方向上空抛撒或抛射金属箔条、干扰弹、诱饵弹、气溶胶弹、布设烟障、发射电磁信号、打射激光,降低敌精确制导武器命中率;可围绕重要目标设置高炮、防空导弹于一体的对空防护拦截系统,当来袭炮弹距离目标一定距离时,防护拦截系统的预警装置捕捉目标,获得来袭目标的运动轨迹和飞行参数,将相关参数传给控制系统,控制系统指示火工系统摧毁来袭目标;可在筑城工事防护层中设置反应式遮弹层,诱使来袭武器在遮弹层内爆炸,降低侵彻深度,确保支撑结构稳固和内部目标安全。伊拉克战争期间,为应对美英联军"捕食者""全球鹰"侦察监视和制导武器的精确打击,伊军依靠燃烧石油产生的热流和浓烟,使"小牛"导弹、"宝石路"激光制导炸弹等美英联军的很多电视、红外、可见光、激光制导武器失灵失效。此外,伊拉克通过运用战前向俄罗斯购置的200多套GPS干扰装置,使美英联军发射的"战斧"式巡航导弹多次偏离打击目标。目前,美国、俄罗斯、英国、以色列等世界各国都在积极研发主动防护系统,其中美国的主动防护系统不仅运用了遮弹板,而且将感知技术、数字技术、计算机技术融合运用,实现了预警、感知、控制、打击的自动化、一体化。

四是多措并举提升工事自身防护强度。一方面,要注重新材料的研发运用。随着新材料技术的迅猛发展,很多高强材料相继问世。比如,纤维增强树脂基复合材料、碳纤维复合材料等不仅体质轻便,且抗力等级远远大于混凝土等传统材料,此外有些高强复合材料还具备隐身、隔热、降噪功能,可有效运用于防护层遮弹层和工事支撑结构的制作。目前,碳纤维、芳纶纤维、金属基等复合材料已被美军广泛运用于野战工事构筑中。另一方面,要优化工事结构设计。结构决定功能。同样的材料,结构不同受力性能不同。要根据工事用途、规模、容量,注重从力学和物理结构角度出发创新工事支撑结构设计和配置方式,提升工事支撑结构的受力性能,改进工事支撑结构的展开与撤收方式,提高工事支撑结构的抗防设防能力。目前,美军使用较多的掩蔽工事结构类型有波纹钢拱形掩蔽工事、组合式金属网箱掩蔽工事、集装箱掩蔽工事等。此外,要注重御荷、减震、分载技术及其在防护层和支撑结构设计中的运用研究,提升工事的抗毁伤效能。

五是要高度重视目标的伪装。影响目标生存率有两个关键因素:被发现的概率和被打击的概率。并且从某种程度上讲,降低被发现的概率比降低被打击的概率更重要。目标伪装是目标防护不可缺少的重要组成部分。要综合运用防可见光侦察、防红外侦察、防雷达侦察、防卫星侦察等多种技术手段,降低目标被敌发现概率;要注重目标活动、工事构筑、接替转移等过程中的动态伪装,降低和减少目标暴露征候;要在目标周围设置假阵地、假目标,分散敌人侦察监视和火力打击密度,提高真实目标的生存力;要注重单个目标伪装与阵地整体伪装相一致,避免各自为战,防止出现因伪装单个目标而暴露其他目标甚至整个阵地。

伊拉克战争期间,美军为前线参战部队装备了2万余套超轻伪装网,伪装网兼具防可见光和防红外两种功能,可与荒漠背景较好融合,能够衰减红外辐射80%,广泛用于各种飞行器、坦克、装甲车辆的伪装。此外,美军还采用了一种称之为"Tan686"的聚氨酯伪装涂料,该伪装涂料可直接涂抹于车辆装备上,对近红外波段的反射率达到70%,同时还可以降低车辆和掩蔽工事内部温度约 8.4℃,可大大减少目标的热红外暴露征候。科索沃战争中,北约盟军使用数架 B-52 轰炸机向南联盟约 2 个营的兵力进行狂轰滥炸,并号称最为严厉的打击,但战斗结束后进行战果评估的美军飞行员却没有发现一个南联盟士兵的尸体。

思路决定出路,观念决定未来。现代战争不是单个武器平台与单个武器平台的个体较量,而是系统与系统、体系与体系的整体对抗。任何一支军队的任何一个作战单元、作战要素,如果没有体系思维、没有融入体系、没有形成体系,都难以形成作战合力。无论是作为筑城专业人员,还是作为一名作战指挥员,都必须树立一个大的防护观,树立一种综合防护理念,以体系化的思维规划防护布局、运用防护力量、组织防护行动。

永不褪色的防护衣:疏散隐蔽

之所以将疏散隐蔽称之为"永不褪色的防护衣",是因为疏散隐蔽不仅在过去战争中具有重要作用,而且其作用光辉不因时代的年轮而褪色,疏散隐蔽在现代战争和未来战争中仍然是保存自己的重要方式,仍然十分重要,仍然不可忽视。

必须承认,疏散隐蔽不是现代战争对筑城工事的特有要求,自战争尤其是热兵器战争以来,为减少对方武器装备对己方作战力量的杀伤,尤其是削弱炮弹对人员装备的热杀伤效果,均要求筑城工事疏散隐蔽配置。

冷兵器战争时期，战争对抗的本质是体能与技能对抗，作战方式是兵力集团与兵力集团的阵法战（阵式作战/布阵作战），战场呈现为人操作刀、矛、剑、弓弩等冷兵器的近距离肉搏厮杀，杀伤方式是单个武器装备对单个作战对象的点杀伤（即一件武器装备运用一次，通常只会对一个作战对象产生杀伤）。适应这种作战方式，作战力量存在形态呈现先集中后总体集中但结构分散的演变过程。

具体来看，原始社会末期，人们在狩猎过程中发现通过结群可以大大减少被野兽攻击的风险，群组战斗编组萌芽。随着金属兵器的出现和战斗规模的扩大，人们逐渐意识到阵形作战可以大大提高战斗力，密集战斗队形——方阵成为作战力量的主要存在形态，步兵、战车排成整齐的队形列阵作战；公元前5000年左右炎帝、黄帝、蚩尤在中华大地上的逐鹿之战，公元前1600年左右商汤灭夏的鸣条之战，公元前1100年左右武王伐纣之牧野之战，均为此种作战形式。

后来具有快速机动优势的骑兵出现，人们在战争实践中发现步兵、骑兵、车兵配合作战可以大大提升部队战斗力，适应正面突击、迂回包围、侧向袭击、纵深追击等多种混合作战形式，原来高度集中的密集阵形逐渐演化为机动、灵活、弹性的多元阵形，此时作战力量虽然总体上集中，但在结构上呈现一定程度的分散部署，另外某一方向或区域范围内部署的作战力量仍然集中（单兵与单兵之间没有分散）；希腊方阵、土耳其方阵、斯巴达方阵、大秦箭阵、契形阵、马其顿方阵、八卦阵等诸多奇妙阵形不仅在当时的战争舞台上令人生畏,并且不夸张地讲,即便以现在的眼光审视,古人的用兵智慧至今仍然熠熠生辉。这种作战形式和作战力量存在形态一直持续至冷兵器战争结束。

需要注意的是,无论是方阵还是多元阵,无论是集中还是总体集中结构分散,整个冷兵器战争时期自始至终未曾忽视隐蔽的作战作用。"攻其无备,出其不意""凡战者,以正合,以奇胜""后如脱兔,敌不及拒""善守者,藏于九地之下;善攻者,动于九天之上"等这些作战奇效的达成,都需要以有效隐蔽作战企图和作战力量为前提。实现不了"隐蔽自己",所有这些兵学圣典都是无法实践的空中楼阁。

春秋时期,晋军提前将兵力隐蔽埋伏于崤山通道两侧,秦军因不清敌情、疏于戒备,几乎被全歼;公元前341年,孙膑在马陵利用有利地形隐蔽设伏,聚歼魏军10万余人,经此一役魏军元气大伤,霸主之位彻底丧失。一句话,隐蔽在冷兵器战争实践中闪耀的光辉相比现代战争没有丝毫黯然。

但必须坦率地承认,冷兵器战争时期受制于武器装备的杀伤方式和杀伤效能,疏散对保存战力和战力发挥的作用体现得还不是那么明显,人们还没有充分意识到疏散在战争中的巨大作用。

武器装备杀伤机理决定作战方式。火药发明并被应用于军事领域之后,不仅武器装备的杀伤距离大大延展,毁伤能力也大大提升,战争形态进入热兵器战争时期。此阶段,战争对抗的本质为化学能(火药能)与技能的对抗,作战方式是兵力集团与兵力集团的平面火力战，战场呈现为人操作枪、炮等火器的火力突击，杀伤方式是单个武器装备对多个作战对象的线杀伤、面杀伤（即一件武器装备运用一次，可以对多个作战对象产生杀伤）。在这种作战方式和杀伤方式下，兵力越集中被敌一次毁伤的概率和程度越大，作战力量存在形态必须由原来的高度集中向适度分散转变。

具体来看，在冷兵器战争时期，虽然经过强化训练或力量强大的弓弩手可以百步穿杨甚至"一箭双雕"，但这毕竟只是个例。对于普通的弓弩手，弹射一次弓弩通常只能毁伤一个作战对象。火枪发明之后，手掌火铳、火箭、火炮、霹雳弹的普通射手，不仅可以轻松地实现百步穿杨，而且可以"一穿百杨"。这种武器装备一方面为散兵作战和远距离作战提供可能，另一方面为避免被敌"一枪扫""一炮端"，作战力量存在形态必须采取分散部署。即疏散部署方式不仅成为替代集中部署的可选项，而且成为保存自己的必选项。

公元1860年，清朝名将僧格林沁在北京八里桥死守抗击英法联军的八里桥之战，不可谓不英勇，但最后还是以"悲壮"而结局，主要原因之一就是以典型的冷兵器集中用兵思维对抗热兵器的跨时代毁伤。从世界范围来看，此阶段的典型战役还有：奥地利王位继承战争、西班牙王位继承战争、英法七年战争、美国独立战争、拿破仑时代的意大利战役、乌尔姆战役、奥斯特里茨战役、耶拿战役、阿斯本-埃斯林战役、萨拉曼战役、滑铁卢战役、美国南北战争、第一次世界大战，等等。

战争形态的车轮进入机械化战争、信息化战争后,虽然新型武器装备层出不穷,虽然武器装备的杀伤效能不断换挡升级,虽然战争制胜机理不断迭代更新,但基于化学能的热杀伤始终是武器装备的主要毁伤方式。具体来看,进入机械化战争后,飞机、坦克、舰艇、大口径火炮涌现战场,较之火绳枪、红夷大炮等热兵器,武器装备的杀伤力、机动力发生翻天覆地的变化(一发普通航弹、炮弹的杀伤范围可以达到几百米、几千米),特别是核武器的出现,将武器装备的杀伤力推向顶峰(据测算,"二战"时期美军投向日本的"小男孩"核弹,杀伤半径达到 1.71 千米)。进入世纪之交,信息技术飞速发展,虽然信息主导、火力主战、精确释能、联合制胜成为战争新的制胜方式,但此阶段武器装备的本质是在机械化武器装备的基础上"插上了信息化的翅膀";换句话讲,武器装备的释能方式虽然发生了变化,武器装备的打击精度和杀伤效能虽然大大提升,但本质上仍然属于能量杀伤。

当前很多人有一种错误的认识:基于武器装备现有侦察监视和精确打击水平,只要进攻方想打没有打不毁的工事这一逻辑,认为怎么疏散隐蔽也没用!

疏散隐蔽究竟是否有用、有多大用,我们暂不阔论。仅从反面来看,在武器装备杀伤当量和打击精度呈几何级数跃升的条件下,如果兵力不注重隐蔽,如果兵力不疏散部署,如果还采取像冷兵器战争时期一样的密集堂堂之阵,什么作战力量能够逃脱侦察监视打击?什么作战力量能够抗得住焦火的灼烧?可以不夸张地讲,再强大的作战兵团最终都会成为敌火打击的炮灰。

所以从某种意义上讲,在无处遁形的"天网地眼"与无坚不摧的高能精确打击面前,绝对不能认为既然藏不住就不藏,既然防不住就不防。恰恰相反,正是因为现代战争武器装备侦察监视和精确打击能力的提升,对作战力量及相应筑城工事疏散隐蔽提出新的更高要求,才更加凸显疏散隐蔽的重要性,才更加需要注重疏散隐蔽。对此,我们要有非常清醒的认知。

那么在现代侦察监视和精确打击技术条件下,疏散隐蔽究竟有什么用?为什么还这么强调疏散隐蔽?疏散与隐蔽之间有什么逻辑关系?怎么做到疏散隐蔽?

威胁越大、风险越大,应对威胁、化解风险对策的价值越大。理解疏散隐蔽的作用价值,首先需要认清战场生存面临的现实威胁。

从侦察监视来看,当前美军高精度侦察卫星的精度达到 0.2～0.4 米。其中,"锁眼"系列光学侦察卫星最高分辨率达到 0.1 米,250 千米范围内可以分辨地球上人的性别;"长曲棍球"合成孔径雷达侦察卫星最高分辨率达到 0.3 米,甚至可以穿透干燥的地表,发现地下数米的设备。其中,RC-135U 战略电子侦察机最大航程 9 000 千米,最大飞行高度达到 1.5 千米,续航时间可达 12 小时,空中滞留时间可达 20 小时,预警雷达、移动电话等在大气层内传播的常用电波信号均在其侦察探测范围之列,可在 360 千米范围内探测出 3.7 米的物体,可在万米高空清晰看到地面上人的活动轨迹;RQ-180 无人侦察机,最大航程可达 2 200 千米,在空中加油的情况下续航时间可达 24 小时。

从打击能力看，美国武器装备的打击力臂可以覆盖全球地域的任何一个角落。美军现列装的AGM158系列导弹可空射、舰射、潜射，射程近1 000千米，具有智能隐身功能；其B2战略轰炸机，不仅具有强大的隐身突防性能，而且在不加油的情况下作战半径可达1.2万千米，号称具有全球达到和全球摧毁能力；2021年，美军公布最新研发的"暗鹰"高超音速武器中程导弹，射程2 770千米，射击精度达到15厘米，且具有很强的变轨机动与突防能力。

面对这种侦察监视和打击能力，如果不疏散、不隐蔽，坐以待毙，可以想象将会是什么结果。

说透点，隐蔽就是利用各种手段减少筑城工事的暴露征候，就是为了对抗对手的侦察监视，就是让对手看不到；疏散就是降低筑城工事的分布密度，削弱武器装备的打击效果，就是即使打着了也不至于对己方作战力量造成体系瘫痪。疏散隐蔽的最终目的就是为了让对手打不到，就是为了削弱对手打击，就是为了保存自己。当然两者是辩证的，通过疏散降低目标分布密度，在一定程度上也可以减少目标暴露征候，也能收到隐蔽的效果；要想收到隐蔽的效果，也需要疏散配置，过度集中本身就容易暴露。这是隐蔽与疏散的本身之义和内部关系。

那么怎么做到疏散隐蔽呢？

一是利用地形地物。提及防护，很多人总是习惯于想起构工作业，似乎觉得不大量构工建物、不重新动土改造地形就不是防护。恰恰相反，我们千万不要小看地形地物，利用地形地物是最天然最高效的疏散隐蔽方式。试问构工建造的目的是什么？标准是什么？既然有现成可以利用的地形地物，为什么还要费时、费力、费材去构工？既然伪装的最终目的就是使伪装对象与周围环境相融入，直接利用战场环境中现有地形地物，效果岂不更好？总之，利用地形地物疏散隐蔽，一方面可以大大减少构工作业量，提高作业效率，另一方面也能取得最佳作战效果。

二是最大程度地减少各种暴露征候，让对手看不到。归根结底，疏散隐蔽的目的是通过降低作战集团分布密度、减少作战集团暴露程度，削弱作战集团暴露征候。目的引导过程实施，过程影响目的实现。绝对不能心里想着目的，行动过程中却采取与目的达成相反的手段，绝对不能做南辕北辙的事。实际作战过程中，很可能出现明明为了疏散隐蔽，却在疏散隐蔽的过程中因兵力过度集中、声响过大、范围过广等原因，恰恰增大了暴露征候，暴露了作战企图和兵力部署，结果事与愿违。

三是注重巧妙隐真示假。疏散隐蔽是目的，但达到目的的方式不只是真实兵力的一分为多和藏匿，还可以通过构筑显示假目标、稀释兵力密度，达到疏散与隐蔽之目的。而且从专业角度讲，筑城的作战运用也的确不只是为真目标构筑防御工事，使用筑城手段也可以构筑假目标。

不得不承认，现实生活中的确普遍存在一些奇怪的现象：人们总是习惯于以复杂性思维致力复杂之事，在此过程中往往忽视一些司空见惯的简单之举，但殊不知这些简单之举可能恰恰最为高效。

一言蔽之，疏散隐蔽不是一个空洞的词汇，它是保存战力、隐蔽企图和达成作战突然性实实在在的有效方式。疏散隐蔽在战争实践中的作用不因时代的久远而褪色。时至今日，未来可预，至于防护它仍然简单而高效。

以低调谋生存：小型低下

简单地讲，筑城工事不是越大越好、越高越好，而是越小越好、越低下越好，在满足作战需求的前提下，应该尽量缩小工事尺寸。筑城工事越高大，被敌打击的风险越高；筑城工事越低小，战场生存度越高。

回顾筑城的发展演变过程，在长城城池筑城体系阶段，为应对冷兵器的攻击，城墙越高越好、越厚越好，城池越宽越好、越深越好，即筑城工事的发展方向是高、大、上。但自进入热兵器战争阶段以来，为削弱热兵器的毁伤，筑城向炮台要塞筑城体系方向发展。与城池、长城不同，炮台不是越高越好、越大越好，而是越低矮越好。自此，筑城工事的发展方向发生大逆转，并且这一发展方向一直延续至今。一句话，筑城工事向低小方向发展不是筑城与生俱来的应有属性，而是筑城发展到一定阶段的历史产物，是适应现代战争武器装备和作战方式的时代要求。

沿循筑城的发展演变路径，既然小型低下是筑城发展至今天的应有形态，既然小型低下是提高战场生存度的应为之措，那么为什么还要如此刻意强调呢？

毫不避讳地讲，之所以专门将"小型低下"列为筑城工事及其发展之注意事项，之所以将其如此突显，某种程度上正是因为当前筑城工事存在形态难以满足作战实践需求，筑城工事发展偏离了其应有轨道，正是因为"适应武器装备革新和作战方式变革，未来战场防护要求筑城工事必须低小"还没有成为普通大众的基本认知，在作战演训实践中还一定程度上甚至严重存在与其不符的现象与问题。

应该承认，相当长的一段时间里，在演训过程中，部分指挥员为了集中开会、舒适工作、便于观摩，演训中总想着甚至习惯于挂上大屏幕、堆制大沙盘、搭设大帐篷，总觉得指挥所太小不大气、不好看、不上档次，尤其是上级领导视察时觉得掉架子。于是，部分单位在演训过程中通常会构筑地上帐篷式指挥机构，为保障协同推演和作战筹划，部分单位指挥中心的帐篷规模甚至达到12米×24米（内设4米×6米的沙盘、投影和几十人的作战席位）。帐篷式属于指挥所开设的一种方式，本来无可厚非。但帐篷式指挥机构多于敌情威胁较小或没有敌情威胁的情况下使用，不能不分时机、不分场合想怎么用就怎么用。尤其是在作战实施阶段，指挥机构随时可能遭敌火力打击，开设地上大尺寸帐篷式指挥机构既容易暴露，又没有任何防护抗力等级而言，而且集中开会时整个指挥机构很有可能被敌轻而易举地"一锅端"。但遗憾的是，个别单位在演训时似乎从来没有考虑指挥机构开设方式与开设时机的关系问题，似乎从来没有考虑指挥机构的安全防护问题,从演训开始至演训结束,整个指挥机关从来没有脱离帐篷指挥。

  为什么会造成这种现象？首先,最主要的原因就是长时间没有真正打过仗,未能亲身感受战场环境的险恶,本能上不能深刻理解指挥所的真实价值所在。古往今来,一个又一个战争实践用铁一般的事实一再证明：指挥所是这个世界上危险系数最高的岗位,指挥所不是享受的豪宅而是实施作战指挥的场所；指挥员不只是号令的施放者,更是指挥运行的中枢,是驱动作战行动实施和作战目的达成的龙头和马达,在整个作战体系中具有至关重要的作用,事关作战成败。任何事物都是相反相成的、都是辩证的。正是因为指挥机构和指挥员的重要性,指挥所理所当然地成为敌方重点打击的首要目标。当然,如此强调指挥所的作用价值和本质属性,并非说明指挥员理性上没有认识到指挥所的重要性,也并非说明指挥员脑子里想的就是享受。根本原因是因为很多指挥员没有参加过实战。

  从认识论来看,认识过程有两个阶段,一是感性认识,二是理性认识,感性认识是第一阶段,理性认识是第二阶段。一方面,感性认识上升到理性认识,需要经历一个去粗取精、去伪存真的过程。但另一方面,先接触到理性认识,并不代表已经内化为感性认识,更不代表能够转化为自觉的实践行动。同样,虽然绝大多数指挥员在理性上不可能不认识到指挥所于作战指挥和作战成败的重要性,虽然这一浅显得不能再浅显的道理众人皆知,但这种来自书本的认识通常情况下隐藏于大脑皮层的最底层。要想将这种深层认识呼出到认识空间的门口并转化为自觉的实践行动,需要战争实践的滋养和唤醒。也就是说,虽然指挥员理性上明知指挥所很重要,但在和平环境下这种明知通常情况下处于封存和未开化状态,指挥员对指挥所的功能定位只是一种概念认识。当然,基于这种空洞的概念认识,也就更遑论指挥员会自觉地从安全防护角度筹划设计指挥所的工事构筑了。生存环境决定思维方式,思维方式决定工作方式。以和平环境的思维方式筹划作战演训和指挥所开设,自然容易造成对指挥工事所处战时环境与可能面临安全威胁的忽视,自然容易导致构筑出的指挥工事不合战场实际。

其次,相比地下(半地下)指挥机构,开设地上帐篷式指挥机构更加方便快捷。虽然世界各国军队指挥所的类型多种多样、不尽相同,但从筑城专业角度来看大体一致。即按照构筑方式,指挥工事可以分为掘开式、暗挖式、堆积式,其中掘开式需要从地表向下开挖,暗挖式需要地下掏挖作业,堆积式是在地表以上堆砌。按照开设模式,指挥工事可以分为车载式、帐篷式、被覆式,其中车载式属于依车建所,帐篷式属于地表搭设,被覆式属于地下土工作业。从作业方式和作业手段看,地上帐篷式指挥机构只需要几个人就可以快速搭设、快速展开,而地下(半地下)指挥机构则需要土工作业,需要机械开挖;从作业效率看,搭设一个帐篷在十几分钟甚至几分钟内就可以完成,但无论是掘开式还是暗挖式,开设一个地下(半地下)指挥所均需要大量土方作业,少则需要几小时,多则需要几天,如果还要进行被覆,工程量会更大,需要作业的兵力器材会更多,时间会更长。所以,基于此,在平时演训中,很多指挥员弃繁就简、弃难就易也就不难理解了。

再次,美国战略指挥机构运行方式对我们产生了误导。自世纪之交发生的几场局部战争(尤其是伊拉克战争)以来,战争形态、作战方式、指挥方式较之以往发生了革命性变化。可能美国总统坐在白宫喝着咖啡对着屏幕随意切换阿富汗、伊拉克战场的场景太过震撼人心,可能人们对信息化智能化指挥的认识有些片面,可能部分指挥员对屏幕指挥、态势图指挥、数据指挥等概念的理解有些肤浅,在很多人的认识里似乎现在的作战指挥离开大屏幕就不能实施,包括部分指挥员也会浅显地认为屏幕越大,显示越清楚,指挥就越便捷、越高效。的确,基于战场信息网络的态势图指挥、数据指挥是当前及今后一段时间内作战指挥的重要方式,追求态势图指挥、数据指挥本来无可厚非。但态势图指挥、数据指挥不一定需要大屏幕,大屏幕不是态势图指挥、数据指挥的必要条件。

另外,作战指挥有层次之分,"在白宫里喝着咖啡对着大屏幕指挥的场景"是战略指挥,美国白宫战略指挥机构作战指挥的场景之所以这么"舒适豪华",是因为其防空反导体系能够拒止作战对手打击,其指挥机构是安全的。美国总统所在的指挥场所是战略指挥机构,具有最高级别的安全防护体系,可实际情况是包括美军在内的军队并非各个层级的指挥机构都有这种安全防护体系,其战场一线连、营、旅团战术指挥机构也从来没有当然也不可能如此奢华。

至于为什么包括指挥工事在内的筑城工事应该小型低下的道理非常简单。从防敌侦察监视方面看，筑城工事越大，动用兵力、装备和器材越多，作业范围越广，作业时间也越长，构筑过程暴露征候自然也越多，构筑行动和筑城工事被敌发现的概率也越大；从打击概率看，筑城工事越大其本身就越容易暴露，被敌打击命中的概率就越大（具有射击经验的人无不知晓这一道理：在距离、光线、风速等同等条件下，大目标肯定比小目标好打得多）；从作业风险看，筑城工事越大，工程作业量越大，作业器材消耗越多，构筑和保障难度越大，组织筹划和指挥控制越复杂，作业过程中可能出现的临机突发情况越多，整个构筑过程不确定性越多；从力学角度讲，在满足指挥的要求下，同样的材料，工事尺寸越小，抗力等级越强，工事尺寸越大，抗力等级越弱；从战损比看，筑城工事越大，容纳人员无形也会越多，被敌打击毁伤后，战损越严重……

那么怎么做到小型低下呢？

筑城工事小型低下直接带来的结果是筑城工事空间变小、容纳人员减少。有什么样的作战方式就需要什么样的力量编组，有什么样的力量编组就需要什么样的筑城工事与之相匹配。以此反推，要想使筑城工事小型低下，无论是作战指挥，还是战斗行动，要尽量采取大疏散小编组，要实施动态机动聚优作战，要尽量避免静态集中，作战力量体系部署要实现"去中心化"。举个例子，未来的作战可能没有静态成型的指挥机构，没有现在意义上的指挥中心,各个指挥员、指挥机关人员异地广域分布在整个作战地域内,各个指挥席位通过高度聚合的战场信息网络相连,某个指挥席位被击毁后不影响整个作战指挥体系的稳定性。如此一来,由于不用再去构筑专门成型的指挥所,各个指挥席位的防护就转化为单兵单装防护,指挥工事规模尺寸会大大缩小,工事构筑难度会大大降低,防护效果会大大提升。可以预见,小型轻便、模块标准、力量通用、成套配型的制式工事将是未来筑城工事的发展方向。

总之,我们要清醒地认知:筑城工事尤其是野战筑城工事不是盖房子,房子屏蔽的是风雨,筑城工事抵抗的是战火。衡量筑城工事的标准不是工作舒适度而是战场生存度,避免对手打击毁伤才是王道。在舒适与生存之间,毫无疑问应该优先选择生存。

历史一再证明,和平年代滋生的麻木和误解需要而且最终均会被战争打醒和纠正。但如果直到战争来临,我们才清醒,那将是国家、人民、民族莫大的不幸与悲哀,我们将成为历史的罪人。

适应作战进程:快速构工

仅从认识和意愿角度讲,相信没有人不知道防护可以降低伤亡,没有任何一支军队会故意忽视和放弃防护。任何一场战争的任何一方都想将自己所属作战力量用"金钟罩"时刻隐藏和防护起来，以降低被敌发现和打击的概率。

但意愿是一回事，现实则是另外一回事。当构工效率能够与作战进程相匹配时，这种意愿还能实现；当构工效率滞后于作战进程时，这种意愿向现实的转化度就会大大降低，意愿就只能是意愿。

综观世纪之交之后的战争，我们发现一件作战逻辑不应如此但又普遍存在的现象：本来进攻与防御犹如鸟之两翼、车之双轮，作战中不可偏废之一，本来无论是进攻性作战行动还是防御性作战行动，都应时刻注重对作战力量的安全防护。但无论是美军在阿富汗战场、伊拉克战场，还是俄军在格鲁吉亚战场、乌克兰战场，抑或其他军事力量在利比亚、叙利亚、也门、纳卡，似乎一边倒地更加注重防御性作战行动的防护，在机动、穿插、迂回、突击、转移等进攻性或攻击性作战行动过程中几乎很少进行挖掩体、构堑壕、筑工事等构工作业，尤其是占据作战主动一方的作战行动更是如此。似乎工程构工已经被进攻方完全忽视，似乎阵地工程构工已经成为"过去式"，以至于一方作战行动被对方甚至第三方的侦察监视卫星在互联网上现场直播。

其实不是指挥员不想构工防护，也不是指挥员没有认识到构工防护的重要性，他们也想通过构工、伪装等手段为己方作战行动尤其是驻止间作战行动提供生存防护，问题的关键是现在的构工防护速度远远无法适应其快打快撤、快进快退、快攻快防的作战节奏。

当战争形态的车轮驶进21世纪,战争呈现作战进程加快、作战空间广阔、时间要素升值的典型特点。1分钟决定战斗胜负、1小时决定战役成败、1天决定国家命运已成为当今战争的基本节奏。纵观美军打击链时间,从1991年海湾战争100分钟,到1999年科索沃战争40分钟,到2001年阿富汗战争20分钟,到2003年伊拉克战争10分钟,到2011年利比亚战争缩短为5分钟,2015年基于分布式"杀伤链"设想优化后周期小于2分钟。在这种打击链周期下,筑城工事尤其是指挥机构、通信台站、武器装备弹药库等重点目标的野战工事快速构筑、快速转移是个大问题。工事构筑慢了、转移慢了,战场目标就会成为敌火打击的死靶子。工事构筑效率与实际作战需求之间出现难以调和的矛盾冲突。

具体来看,基于现在的作战节奏,很有可能出现刚刚构工好防御阵地又要转入进攻,刚刚在某地域构工好阵地因被敌发现或作战需要又要机动转移至另一处等尴尬现象……也许,有人会问转移阵地就再重新构筑不就行了?是的,理是这个理。这既是作战的应有逻辑,也是我们的努力方向。但巧妇难为无米之炊,问题的关键是人工、机械、爆破等现有构工作业手段作业效率低下(受军费、部队类型和编制体制限制,又不可能为所有部队无限制地编配工程装备),很有可能陷入"正在构工—机动转移—重新构工—构工未完成再次转移"的死循环。并且由于大面积动土施工与反复展开、反复撤收,很有可能因此暴露作战部署、作战行动和作战企图。所以,构工手段的捉襟见肘和风险利弊轻重考量的双重作用共同促成作战实践中指挥员作出放弃大面积构工作业的决定。

那么如何才能做到快速构工呢？作战能力的大跨度跃升源于军事技术的革命性突破。要想大幅度提升筑城工事和障碍物的构工速度，还必须在先进科学技术军事运用上寻找发力点。

通过广泛调研，我们认为以下几种技术可以有效提升筑城工事和障碍物的构工作业速度：

快速构工技术，即快速开挖构筑技术。包括工事支撑结构快速成型技术、固体成型技术、小型盾构技术和无人化装备构工等。其中，工事支撑结构快速成型技术是指能够快速组装支撑结构的技术。当前至少有两种技术可以有效提升工事支撑结构组装速度：

一是装配式工事技术。即采用预制构件快速组装并可多次装拆的技术。由于其由以往的集成式支撑结构改为组装式支撑结构，实现了工事支撑结构的构件化、小型化、标准化、模块化、通用化，具有便于组装、便于运输、便于拆卸、结构灵活、适应性强等优点，可广泛运用于指挥工事、射击工事、观察工事、掩蔽工事的构筑，可大大增强阵地构工设防的高效性、灵活性、稳定性。比如，法军有一种圆筒形装配式掩蔽部，由钢筋混凝土预制构件和弹性橡胶拼装而成，最大容量可达60人；德军、美军使用的波纹钢掩蔽部，较之就便器材可大大减少运输、构筑时间（可节约3/4时间），被世界各国军队广泛推崇；英军使用的钢管骨架柔性被覆工事，被覆0.5米即可抗击155毫米榴弹炮打击，北约军队十分垂青；瑞典使用的玻璃钢夹芯罐式掩蔽部，能够抗击常规炸弹5米范围内毁伤；此外，俄罗斯还研发了"地堡""甲壳-2"等装配式工事。

二是聚氨酯泡沫塑料工事技术。聚氨酯泡沫塑料是异氰酸酯和羟基化合物聚合发泡而成，有硬质和软质区分。该材质具有密度低、导热低、强度高、隔热好、能防水、成型快等性能，与其他材质的支撑结构相比，利用聚氨酯泡沫塑料制成的工事不仅防寒保暖、具有更优的防护能力，而且轻质高强（硬质材料强度为混凝土强度的2～3倍），可根据地形和工事形状现场发泡、快速成型，大大提高构筑速度。另外，根据需要还可以添加阻燃剂、增强剂等材料，实现性能复合。该材料早在20世纪70年代就被美军应用于反坦克导弹射击工事和人员掩蔽部的构筑。凭借其无可比拟的优势，可以预见该材质可广泛运用于野战工事快速构筑。

快速防护技术，即快速提升防护抗力等级的技术。据调研，当前至少有以下几种技术可快速有效提升工事防护能力。

一是柔性混凝毯技术（也称水泥毯）。柔性混凝毯起源于欧洲，在欧美国家已经使用数十年。简单地讲，它是一种浸渍干混凝土的柔软布并且喷水后会发生水合反应变硬的材料。具体来看，其使用的柔软布是一种采用聚乙烯和聚丙烯纤维复合材料；使用的干混凝土含有特殊配方（铝酸钙水泥）。此材料浇水前柔软轻质，浇水后迅速变硬（试验数据表明，1厘米的混凝毯，抗压强度可达到60 MPa），目前在地方被广泛使用于河道改造、水产养殖、沟渠铺设的护堤固坡。由于该材料遇水前材质轻、形状拓展性强、便于运输、作业展开迅速，遇水后又具有强度大、防火防水、耐腐蚀等优点，而且成本底、操作简单（裁剪、铺设、拼接、水化），能够替代砖石、砂浆、混凝土等材料，能够有效运用于堑壕交通壕的被覆、掩蔽部防护层的加固，从而大大提高野战工事的构筑速度（两人一组作业、一天可铺设400平方米）。

二是野战防护网箱（防爆笼）技术。防护网箱（防爆笼）是一种上部开口的长方体结构，单个网箱由钢丝网片、土工布衬套、螺旋连接架、连接钢条等组建构成，大小可灵活定制（高1～2米、底边0.6～1米），使用时根据需要可将多个网箱拼接组合成多排多列。展开前单个网箱可折叠成片状、储运方便，展开后内部可以填充黄土、石料、垃圾等就近散装物料。该防护器材具有设置灵活、构筑迅速、成本低廉、防护性好、适应性强、通用性好等优点，被美军和其他国外军队广泛使用于野战营地和海外军事基地建设。据国外试验表明，利用砂土混合物填充的厚度为60厘米的防护装置可以有效抵抗步枪子弹的冲击；当厚度为1.2米时，可有效防护大多数汽车炸弹的袭击；当厚度为1.5米时，可以有效防护火箭推进榴弹武器的袭击。凭借其展开快、结构活、装填快、防护强的优点，既可有效运用于掩蔽部防护，也可单独使用直接构筑各类工事。

三是土体快速固结技术。土体快速固结技术是指将土体内的水分、气体迅速排出，使土体压实成结、强度增大的技术。通常我们以机械压力使墙体固结。但这种传统的固结方法时间较长,需要人时、机时较多。土质固化剂是可以使土壤在常温下直接胶结的土壤硬化剂。早在1968年,美国就曾在歼击机跑道上使用过土壤固化剂,进入70年代土质固化技术得到快速发展。另外,日本、德国、南非对土壤固化剂的研究投入也很大,形成相当多的研究成果。目前使用较广泛的固化剂主要有石灰水泥类固化剂、矿渣硅酸盐类固化剂、高聚物类固化剂和电离子溶液类固化剂等类型。其中前两种为传统固化剂,高聚物类固化剂也在逐步淘汰,电离子溶液类固化剂相对使用较为广泛。例如,称为土固剂AB液的固化剂,其作用机理是使用A剂快速填充土壤中的空隙,而后加入B剂后进行化学反应,快速硬化成结。该技术可有效运用于野战工事周围积土和工事防护层回填土的快速固化成型。

快速设障技术,即快速机动设置障碍物的技术。通过查询相关文献资料,充分借鉴国内外相关领域实践,有以下几种技术可以有效提升障碍物的设置效率。

一是软设障技术,主要有助燃、阻燃、粘连、润滑、腐蚀等技术。其中,助燃技术是指利用氧气、氯酸钾、催化剂等助燃剂,瞬时加速车辆装备发动机内混合油气燃烧,使发动机甩缸;阻燃技术是指利用空压技术使车辆装备周围空气迅速变得稀薄,使车辆装备发动机因供气不足停止工作;粘连技术是指在敌人必经通道、隘口、道路等重要地段或人员装备集结地域使用高强黏合剂,使人员装备不能移动(日本已经发明一种神奇胶水,人在胶水上根本动弹不得;还有一种强力胶,静止2小时后能粘住1.5

吨的汽车）；腐蚀技术是指在敌人可能经过的通道、隘口、道路等重要地段或人员装备集结地域，提前或临机设置硫酸、硝酸、盐酸、高氯酸等腐蚀剂，快速锈蚀车辆装备的轮胎，使车辆装备发生爆胎，同时对人员造成腐蚀与威慑，限制人员装备机动；润滑技术是指在敌人可能经过的通道、隘口、道路等重要地段或人员装备集结地域，提前或临机冻结成冰、设置其他种类的润滑剂，使人员装备与地面之间摩擦系数减小无法机动的技术。

二是快速阻车拦障技术，借鉴国内外警用安保领域器材，有以下几种阻车拦障"神技"：便捷式破胎器，当车轮接触到弹出路障时，胶套内的钢钉迅速弹出，随车辆移动方向刺破轮胎；钉网结合阻车路障，这种钉网看似没有威慑力，但可以将车轮死死缠住，不仅会破坏轮胎，还会控制车轴；模块式阻车拦障，这种拦障由不同模块组成，可根据地形和通道宽度灵活组合设置，凭借其稳固的直角结构，能够卡住强行通过车辆的底盘，并且强行通过的车辆速度越快被弹起的越高、损坏越严重；楔形路障，前面安装钢制尖刺，破坏力惊人，可以用来阻止和迟滞坦克装甲车辆的冲击；网绳路障，也称拦障网，凭借其高强韧性可以减缓车辆的高速冲击；此外，所有这些阻车拦障技术均可以融入智能感知和智能控制技术，实现远程或自动设障。

三是快速就便固型技术。包括水泥毯技术、土体固结技术、防护网箱技术等。关于各个技术的作用机理和优势前面已做详细介绍，在此不再赘述。这里简要介绍一下作战运用：比如在使用木棍等就便器材搭设出三角锥、墙体拦障后，外包水泥毯浇水可快速硬化成型,而后装填沙石、土料;也可使用土体固结技术将防坦克壕挖掘出的土壤硬化形成复合障碍;还可使用防护网箱装填沙石形成路障……

需要说明的是,由于我们认识和接触材料的局限,以上举证的快速构工技术难免会挂一漏万。另外,科学技术的发展永无止境,未来还必将有新的更加高效的快速构工技术涌现。关注科技发展,注重科技运用,提高构工效率,任重道远无止境。

无人无声无形构工:隐身作业

随着科学技术的不断进步,人类认识和改造自然环境的技术手段不断革新,与之相适应,人类认识和改造自然环境的能力也在不断跃升。这一普遍现象折射到筑城这一特殊专业领域便呈现这样的结果:改造地形的手段和阵地工程构工作业力不断跃升。

纵览当前阵地工程构工采用的作业手段主要有:人工作业、机械作业、爆破作业等。剖析以上作业手段,各有其优缺点与相应使用时机。人工作业:作业编组灵活、环境适应性强,但作业力低下,一般在地形受限、装备机械编配不足或无法作业、工程作业量较小时使用;机械作业:作业力相对高效,但对地形、天候、气象等构工作业环境有较高要求,受装备性能和操作手技术水平限制大,隐蔽伪装困难、作业成本高,一般在地质地形情况允许、气象条件良好、没有敌情威胁或敌情威胁较小时使用；爆破作业：作业力高效，但作业声响大、作业精度低、隐蔽伪装难，容易暴露作战企图，对作业人员技术水平要求高，尤其是在边境冲突地区其爆炸声响容易引起作战对手误研误判，造成局势升级，一般在作战发起后或时间特别紧急时使用。回顾整个人类社会战争史，可以说以上三种作业手段在阵地工程构筑的舞台上一直扮演着主角，对阵地工程构筑发挥着无可替代和举足轻重的作用。

如果说在以往战争舞台上，这些传统的构工作业手段还能基本适应作战需要，那么当战争形态和作战方式迈入将智未智的过渡时代，人工、机械、爆破等构工作业的"三驾马车"就明显难以拉动作战机器向前运转了。

具体体现在：一方面，现代战争作战节奏越来越快，传统的构工作业手段作业效率低下，难以满足快速构工需求（对此，前文已经做过专门论述），另一方面，为应对侦察监视和精确打击的威胁，又需要通过构工作业构筑掩蔽部、掩体等阵地工程，为作战力量生存提供隐蔽防护。从逻辑上看，为解决作战需求强烈与作战供给不足之间的矛盾，自然需要延长构工时间。换句话讲，需要先前构工、全天候构工、全过程构工。而要实现先前构工、全天候构工、全过程构工，最为重要的是实现构工过程的无人无声无形，即采用无人无声无形的构工手段，以减少作业暴露征候、隐蔽作业企图、降低作业过程面临的安全威胁。

为实现"三无"构工作业，当前可采用以下两种构工手段。

第一种是无人装备作业。近几年,随着无人智能感知、无人智能控制技术等无人化智能化技术的飞速发展及在相关领域的广泛应用,无人驾驶挖掘机、智能超宽摊铺机、无人双钢轮压路机等无人智能施工集群已成功运用于高速公路、机场等工程建设,无人化施工不仅走向现实而且形成常态。2018年,在百度世界大会上,百度发布了世界上首台基于视觉技术的量产工程装备——百度无人驾驶挖掘机,该装备能够实现目标感知、深度学习、优化作业等功能;2019年,美国卡特彼勒公司首次公开了其研发的无人驾驶液压挖掘机,随后日本小松公司也称要在年内启动无人工程机械试验验证,世界工程机械两强展开激烈的"无人争锋";2021年,广西柳工集团发布三款智能施工设备,包括无人驾驶挖掘机、无人驾驶装载机和压路机,这些装备均具有环境感知、路径规划、主动避障、自主作业等功能;2022年9月1日,在世界人工智能大会上,网易伏羲挖掘机亮相。这款挖掘机不仅实现360度全景监控和无人智能控制,而且支持鼠标、键盘、手柄的远程精准操控,做到指哪挖哪以及一键挖掘、一键卸载、一键装车、一键平地、一键修坡等游戏化指令式操作,实现工程建设智能规划和成套执行,中型挖掘机作业力达到300立方米/小时,作业效率丝毫不亚于具有10年操作经验的师傅。目前,该款挖掘机已在网易三期工程、国家基建铁路等项目工程建设中成功运用;2023年《流浪地球2》影片一经热播,一款能够支持山地、高原、沼泽、草原、隧道等多种复杂地形无人作业,可广泛应用于洪涝、雪崩、地震、海啸、泥石流等灾后救援,可胜任高温、极寒条件作业的多地形智能应急救援平台备受关注。其实这款工程装备并非"天方夜谭",其源于现实中徐工集团的"钢铁螳螂"。

如果说其他领域无人智能技术向飞机、坦克、舰艇等纯军事属性的武器装备领域转化还有一段路要走,那么地方工程建设任务与战场阵地工程构筑任务的高度相似性(抛开作业环境的差异,从本质上看两者均是土方作业),决定民用工程机械装备技术向军用工程机械装备转化要简单快捷得多。随着侦察监视技术和武器装备打击能力的提升,作战力量生存面临的威胁越来越多、越来越大,这些无人装备技术手段可大大降低作战力量面临的生存威胁,另一方面,适应作战空间向极地、高寒、洞穴等无人区拓展,这些无人装备技术手段为极限条件无人野战构工提供了现实可能。

另一种是静态破碎作业。通俗地讲,静态破碎作业(也称为无声破碎)是指通过静力而非机械动力或爆破力破裂,不产生传统机械作业的碰撞声响和爆破作业的爆炸声响,作业过程相对"温和""安静"。凭借其环保、噪声小、操作简单、安全可靠、成本低廉、作业高效的优良性能,目前在钢筋混凝土建筑物拆除、岩石开采、矿山开挖中应用广泛。

基于不同的作用机理,目前主要有两种技术手段:一是静态液压破石机,又称震山斧或劈裂机。其运用方法是:先用凿岩机或钻孔机打出钻孔(钻孔要有一定的深度),而后将劈裂棒或劈裂机植入钻孔内,之后启动液压泵产生液压力劈裂岩石。

深圳某公司研发的一款静态碎石机,通过在钻孔内放入契块模组利用20 MPa的液压力即可产生6 500吨以上的劈裂力度,劈裂深度可达1.5米,露天情况下日开采量可达1 000立方米。

二是静态破碎剂。是由富含钙、铝、硅、钠等元素的无机物和控制剂混合煅烧而成的颗粒状粉末,又称膨胀剂。早在20世纪60年代,日本大成建设技术研究所就率先成功研制无声破碎剂,之后在工程建设领域进行广泛应用;80年代国内也研制成功,但由于原料、体制、技术等种种原因,一直没有得到大范围应用。近几年,随着技术的日益成熟、炸药管制的严格和环保压力的增大,静态破碎剂被日益青睐。其运用方法是:先打出爆孔,而后将膨胀剂放入爆孔内,注入水,利用膨胀剂与水发生反应后产生的膨胀力裂开土石,并且随着膨胀压力的增大,裂缝会逐渐加大(可根据水剂比,调节膨胀力)。采用此种破碎方法除钻孔时产生噪声和振动外,没有其他噪声和振动。

相比传统作业,静态作业无声、安全、操作简单等优势显而易见。那么较之传统作业,静态作业的作业效率为何如此高效呢?深度剖析静态作业与传统作业的力作用方式便不难理解。传统作业方法由外向里施力,在力的作用下介质向内压缩,只有作业力大于其抗压强度才能将其破碎(并且,理论上讲随着介质向内压缩,岩石密实度越来越高,抗压强度也会增大),作业过程犹如啃骨头。静态破碎方法由里向外施力,只要作业力超出介质的抗拉力即可将其破裂。众所周知,通常岩石的抗拉强度远远小于其抗压强度(通常混凝土的抗拉强度约2~6 MPa,岩石的抗拉强度约 5~10 MPa）。因此，静态作业的作业效率要远远高于传统作业的作业效率。最为重要的是，利用静态作业无声、装备器材轻便、操作简单、需要动用车辆装备和人员较少、便于伪装的优势，可将作业人员隐蔽前置于构工作业区域，悄无声息地展开构工作业，在敌人不知不觉中完成阵地工程构筑。

通过科技手段提升作战效能有两种方式：一种是军事技术本身的原创性革新；另一种是成熟技术在军事领域的创造性运用。军事技术原始创新能够提升作战效能，军事技术的创新运用也能提升作战效能。坦率地讲，以上介绍的两种静态破碎技术对于提升阵地工程构筑效能的作用方式后一种更强。作战需求牵引技术创新。适应智能战争形态和无人智能作战方式的逐步深入，可以预见未来无人装备作业技术和静态破碎作业技术极有可能实现融合发展，进而创新衍生一种无人自主静态破碎技术。同时，通过运用能够防可见光、红外、雷达侦察监视的新材料、新技术，实现完整意义上的无人无声无形构工。

向两极地区进军：开垦最后陆域

自古以来，人类一直在陆地生活，地球陆域是宇宙赐予人类最宝贵的天然家园。即便在人类下可入海捉鳖、上可登天揽月的今天，人类也始终将陆地作为自身栖息、生存和其他一切生产生活活动的根据地、大本营。陆地于人类的地位作用丝毫没有因为人类利用改造自然空间能力的提升而降低分毫。从上古时代至信息化智能化的今天,从世界东方至西欧拉美,从阪泉之战到纳卡冲突,几千年来围绕要塞寸土的争夺,围绕领土主权的归属,在部落与部落、联盟与联盟、国家与国家、民族与民族、宗教与宗教之间,埋下了一个又一个爱恨情仇的战争种子,引发了一次又一次血雨腥风的惨烈厮杀,上演了一场又一场挥戈疆场的英雄史诗。

可以说,凭借丰富的自然资源、相对适宜的环境气候、天然的便利交通,陆域成为人类最为重视、博弈最为激烈、情结最为深厚也最易争惹是非、引发战争的聚焦地。

历史上一场战争也许能够改变国土范围,但今日世界陆地之格局已非一场战争轻易能够改变。

经过无数次的分分合合和几千年的历史沉浮,尤其是第一次世界大战和第二次世界大战的激烈震荡,当今世界陆域格局基本定型。纵观全球,虽然强权政治横行、霸权主义当道,虽然个别国家以武力干涉他国内政、侵犯他国主权的事一再发生,但在世界人民爱好和平、向往和平、维护和平与崇尚正义、向往正义、拥护正义的滚滚大势之下,地球上包括美国在内的任何一个国家,即便愿望再强烈,即便实力上允许,企图通过战争重新公然大范围侵占他国领土、扩大自己国土、改写陆域格局的做法已不太现实。历史已经证明并将继续证明,一切通过战争的方法吞占他国领土的侵略行径,也许开始会赢得点滴苟利,但最终都会被世界人民所唾弃,最终都会因逆历史之流被碰得头破血流。

陆地对人类生产生活和国家发展的地位作用、人们骨子里对陆地的垂迷热恋，与国家版图基本定型、企图通过战争侵占他国领土所得有限利益又不足以支撑国家发展的战略需要的矛盾，自然催动世界各国尤其是世界强国做出这样的战略选择：开垦人类的无主地——两极地区。

这不是无奈之举，是战略智慧，是必为之为，是大势使然。

回顾整个人类社会发展史，随着人类改造自然环境能力的提升，人类一直在不断拓展适合自己生存发展的栖息地。回顾整个人类社会战争史，随着武器装备机动打击力臂的增长，人类活动的触角延伸到哪里，战场空间就拓展到哪里。

远古时代，人类基本没有改造自然环境的能力，只能在山野丛林依靠天然的野果野兽充饥，只能在天然洞穴里遮风避雨、躲避野兽攻击。人类掌握石制工具和种植、畜牧技术之后，可以通过改造地形、筑垒土壕、搭设树枝等方式建造土房、毛房简易住所，可以通过种植庄稼、养殖家禽获取食物，人类的生产生活方式由原来的游猎转为定居，人类开始优先向平原、草原等更加适应人类生存的地域有针对性地聚集，平原、草原成为部落纷争、诸侯争霸、国家对决的主战场，中原逐鹿就是那个时代的战争写照。后来，随着交通工具机动力、运输力的提升，人类改造和征服山地、高原地区的能力提升，尤其是人们掌握能够适应山地和高原高寒自然环境的农作物种植、御寒保暖等技术之后，人类开始在高原地区有规模地群居，战场范围向山地、高原拓展，山地攻坚成为战争激烈程度的标尺。与此同时，随着人类造船、航海技术的不断提升，人类的活动空间和战场空间从最初的江河、近海走向远海、深海，围绕水域、海域、水上通道、海上通道、水域资源、海域资源的争夺，爆发了一场又一场江河水战、海上争锋……战场空间的触角已经延伸到除两极地区以外的整个人类活动空间，除了两极地区地球上似乎还没有任何一种地形没有发生过战争。

随着人类科学探测能力的提升，人类丈量自然空间的脚步逐渐涉及两极地区，逐渐意识到两极地区的重大战略价值。比如，北极地区拥有900亿桶的石油储量、近1 700万亿立方英尺的天然气储量，油气潜在可开采能源占世界潜在储量的30%，拥有1万亿吨的煤炭储量，占世界储量的9%；其西北、东北和北冰洋三大北极航道是连接大西洋与太平洋的黄金通道；地处亚、欧、北美三大洲之间的战略要冲，决定其对世界格局具有举足轻重的地缘战略影响和军事价值。南极洲冰层拥有全球淡水储量的60%，拥有丰富的海产品、矿物和能源，被称为"全球资源宝库"；可以提供连通南非、南美、澳洲之间的全球航线，同时也是建立全球通信网和指挥控制系统的枢纽地带。

人类活动的空间到哪里，哪里就有价值；哪里有价值，哪里就会有争夺；哪里有争夺，哪里就会有战争。沿循这种逻辑，战场空间会不可逆转地波及两极地区，冰雪圣洁的两极地区最终也不会成为地球上躲避战火硝烟的诺亚方舟。

世界大国兴衰的交替史和人类战争形态的演变史共同表明：在国家战略博弈的舞台上，谁能率先抢占新的战略高地，谁就能掌握引领世界发展的战略先机,谁就能优先控制战争制胜的新维度,谁就能掌握未来战争的主动权。当前世界各国尤其是军事强国已经意识到两极地区对于大跨度推动国家发展、对于主导世界战略格局的重大意义,已经在两极地区进行战略经营和蓄势待力,已经围绕两极地区谋划与展开一场新的硝烟未起但将来必起的激烈博弈。

目前,美军已在北极地区建立6个军事基地(5个位于阿拉斯加、1个位于格陵兰岛)。其实早在20世纪50年代,美国就在北极圈秘密建设图勒军事基地。近年来,美军不断推进北极地区的战略规划和军事基地建设,持续强化在北极地区的军事存在,加大北极地区实战演训力度,以期尽快形成适应北极地区的实战能力。

早在2010年,美国国家战略就明确指出美国在北极地区具有广泛而根本的利益;2013年,美国发布《国防部北极战略》,提出推动北极地区海军力量和基础设施建设;2014年,美国海军制定并发布具有可操作性的北极地区海军力量建设规划:《2014—2030北极路线图》;奥巴马时期,美军又先后发布了《北极地区国家战略》《北极地区国家战略实施计划》;2017年,美国在其与挪威举行的"联合海盗-2017"军演中,对标北极地区极寒条件,分析查找了存在的问题,标志着美军围绕极地地区作战演训走深走实;2020年,美军空军发布《北极战略》,倡导加速推进北极地区基础设施建设和使用极寒条件下的冻土材料,以适应未来作战需求;2021年,美国陆军推出新的北极战略,着力加大加拉斯加地区的军事力量部署,增强北极地区网络、太空、电子战等作战能力;2022年11月,按照美国欧洲特种作战司令部"快速龙"作战计划,美国空军在北极地区上空发射AGM-158联合空地导弹增程弹,对其北极地区机动打击能力进行验证;2023年1月,美国将其最先进战机(4架F-35隐形战斗机)部署北极基地-格陵兰岛图勒空军基地,并声称要将特种部队部署北极军事基地。2021年,战略之桥网站发布文章《房间里的白象:现代地缘政治中的南极洲》,对南极洲的战略价值进行了详细论述,指出美国对南极洲的战略忽视,旨在引发美国官方对南极洲的战略重视。

俄罗斯也一直将北极地区视为自己的后院。早在20世纪20年代,苏联就已经对北冰洋及沿岸水域全面展开了科学研究和能源探测,"二战"后制订北极地区开发计划,整个苏联时期在北极地区至少建成13个航空基地。2009年,俄罗斯颁布《2020年前及更远的未来俄罗斯联邦在北极的国家政策原则》,其核心要义就是打造俄罗斯在北极地区海空和导弹军事力量存在;2014年,俄罗斯组建北极联合战略司令部,负责全面领导北极地区军事力量建设;2017年,俄罗斯分别在法兰士约瑟夫地群岛和新西伯利亚群岛各建设1处综合性军事设施,用以部署军事力量(其中在法兰士约瑟夫地群岛建设的综合性军事设施为"北极三叶草"军事基地,驻守力量为北方舰队第45防空集团军);2021年,俄罗斯启动法兰士约瑟夫地群岛"三极三叶草"军事基地建设升级改造项目,以满足常用机型起降。2020年,俄罗斯政府通过并发布《南极发展战略》,旨在强化其在南极地区的基础设施建设;2021年,俄罗斯批准实施《南极发展战略行动计划》,涉及通信导航、综合实验室建设、科学考察等多个方面。

讲了这么多,也许有人问两极地区再重要但它与筑城有什么关系?我们千万不要忘了:哪里有战场,哪里就需要进行战场建设;哪里进行战场建设,哪里就需要筑城。对此,在第一章我们已经反复阐明,无论是筑城的本身内涵,还是为了促进筑城更好地发展,绝对不能认为筑城只是构筑掩体、设置障碍物,防护也不是筑城的全部,筑城的内涵是阵地工程、战场工程建设。

我们是一支爱好和平、维护和平的正义之师,除了保家卫国的必须之为,我军历来没有扩疆争土的习惯,骨子里也没有军备竞赛、穷兵黩武的基因。但作战对手重回大国竞争的总基调和国家生存发展的战略需求,要求我们必须未雨绸缪。无论是战略决策者、战役指挥员,还是军种领导机关,以及院校与科研院所从事筑城专业的教研人员,都有责任、有义务就两极地区如何构筑营地、机场、观察射击工事、防空阵地、通信与指挥控制站台等战场工程,如何进行工程防护,如何结合战场工程部署军事力量等尽早展开谋划部署和理论预研,确保一旦需要能够快速把方案转向行动,能够与对手同步抢占战略高地的先机,避免毫无准备的被动应对。

简而言之,"两极地区"是国家安全的新兴领域,是大国博弈的战略空间,是赢得未来战争主动的重要阵地。提前谋划两极地区战场工程建设,实现军事存在,对于扩增优化军事力量布势、改变重塑地缘战略格局具有重要价值和战略意义。战略博弈空间在哪里,战场就在哪里;战场在哪里,筑城的舞台就在哪里。影响事物进步的最大因子不是动力的不足,而是方向的迷失;限制事物发展的最大障碍不是阻力的增多,而是想象力的贫乏。聚焦两极地区战场工程建设,既是适应战场空间拓展的必然之势,也是推动筑城专业长远发展的重要方向。

"马其诺防线"不一定在陆域:空间拓展

可能因为陆地是人类最古老、最天然、最适宜的栖息生存地,可能因为陆地自古以来就是人类战争的主要战场空间,可能因为历史上筑城的活动舞台和效能光辉主要囚限与闪耀于陆域,当谈及筑城,人们总是习惯于将其与土工作业联系在一起,似乎只有在陆域作战才需要筑城,似乎筑城就是陆军的事,似乎筑城离开了陆地就无法"呼吸"、无法"生存"。很少有人会主动思考海上作战需不需要筑城、空中作战需不需要筑城、太空作战需不需要筑城、海域空间筑城如何作战运用、空域空间筑城如何作战运用、太空空间筑城如何作战运用等问题。如果说战略决策者、军队指挥员没有深入思考这些问题是因为需要思考更重要的问题而无暇顾及或忽视,如果说普通公众与其他专业领域人员因为专业壁垒思想边界无法触及,那么作为筑城专业人员思考这些问题就是责无旁贷了。也许现在我们还无法回答这些问题，也许今后筑城在海域、空域、太空域确实作为有限，但如果我们自始至终从来没有思考过这些问题，也不愿想这些问题，或者干脆想当然地认为"这些想法就是异想天开"，从某种程度上就是对现代战争认识的肤浅，就是对现代作战方式的麻木，就是对筑城专业的失职。

战争形态和作战方式演化至今，战场空间由传统陆域向陆、海、空、天、电、网络、认知空间拓展已成为军事界毋庸置疑的基本常识。按照"战场空间拓展到哪里，阵地工程就构筑在哪里，筑城的活动舞台就触及哪里"的逻辑，仅从物理域看，筑城由传统陆域向海域、空域、太空域拓展是大势所趋，是不以人主观意志为转移的客观规律。

一句话，适应战场空间的变化，筑城的活动舞台要由传统的陆基向空基、海基、太空基、深海等空间全方位拓展，我们不仅要考虑陆域作战目标的工程防护，也要考虑海域、空域、太空域作战目标的工程防护，不仅陆域需要阵地工程建设，海域、空域、太空域也需要阵地工程建设，不仅在陆域需要构筑筑城工事和筑城障碍物，也要在海域、空域、太空域构筑筑城工事和障碍物。

从海域来看，随着人们对海洋战略价值认识的不断深化和海洋开发能力的增强，人类涉足海洋的脚步将由近海向远海、深海延伸，远海作战、深海作战、全球海域机动作战将成为未来海战的新面貌。在这些作战样式下，作战力量需不需要防护？武器装备和人员需不需要补给？需不需要阵地建设？目前，海上作战防护、补给等主要依托陆基本土和海外军事基地,海上作战范围、作战潜力、持续时间主要受制于武器装备的续航里程与打击范围、离陆基本土或海外军事基地的距离、海外军事基地的数量和分布。纵观世界地缘格局,当前各国本土范围基本确定。换句话讲,抛弃作战指挥等主观因素,从军事角度看,海上作战能力主要受制于武器装备和海外军事基地分布两个因素。目前,美俄等世界军事强国的海外军事基地又主要有两种类型:一是依托他国陆域建设;二是利用海上天然岛礁建设。依托他国陆域建设军事基地显然需要战略运筹和战略利益交换,而可直接利用的天然岛礁数量又非常有限。如此一来,为延伸海上作战机动范围和打击力臂,为在广阔无限的海域中预置存储作战资源,就需要具备自然岛礁快速扩建、海上浮动岛礁和海底阵地工程建设能力。

从功能上看,未来海战可能需要建设以下三类阵地工程。一是掩护阵地,即依托自然岛礁或在海底建设构筑阵地筑城工事,为舰艇、潜艇、舰船、飞机提供避敌打击的防护港湾;二是补给阵地,即依托自然岛礁、海上浮动岛礁或海底建设阵地(军事基地),为舰艇、潜艇、舰船、飞机、人员等提供油料、弹药、物资、给养补给;三是前进阵地,即依托自然岛礁、海上浮动岛礁或海底建设阵地(军事基地),作为隐蔽作战企图、前置作战力量,突然发起攻击的前哨阵地和远海作战时延伸作战力臂的踏板。当然,正如虽然有专门的掩蔽工事,但射击工事、观察工事、指挥工事也有掩蔽功能一样,补给阵地、前进阵地同样也有掩护功能。

此外，为限制潜艇、舰艇、舰船等武器装备海域机动，如何在水面、水下、海底临机准确快速设置障碍物也是未来筑城需要重点考虑解决的问题。

从空域来看，如果说在防空武器装备比较落后的情况下，凭借位置高空和快速机动的优势，飞机可以肆无忌惮地在作战空域自由穿梭和空中打击，那么随着高射炮、防空导弹、防空系统、中远程拦截导弹等武器装备的迭代升级和防空反导能力的持续提升，传统的飞机、直升机乃至新型隐形战机也不再绝对安全，处于飞行或巡航状态的气艇、气球、战斗机、直升机、轰炸机、巡航导弹等空域武器装备时刻都有被击落的风险。这些武器装备需不需要防护？怎么防护？在空中怎么构筑阵地工程？讲到这里，也许有人会断然认为这是天方夜谭，会自然发出"难道还要在空中构筑工事？空气尤其是高空怎么承载工事的重力？"等疑问。

军事需求是推动军事技术发展的最大动力。很多时候不是技术达不到，而是军事需求没提出或者军事需求提的不准确；很多时候也许军事技术确实还满足不了当时的军事需求，但只要军事需求足够强烈，相应军事技术就一定能够实现大的突破。启发于武侠和科幻小说（影视剧）中武林高手依靠真气释放的能量域使刀枪不得进身的场景，我们能否在飞机、导弹表面涂抹遮弹反应层、挂载遮弹板，使来袭目标接近遮弹层时引爆？能否为空中战机、导弹安装电子干扰设备，当来袭目标接近时，对其实施诱偏、干扰？设计飞机、导弹时能否一体嵌入遮弹板、保护伞，当飞行器感应到来袭目标时，主动弹出遮弹板、保护伞？能否借用空中气球之力，在敌飞行器必经航道上悬挂空中绳索、遮拦网等障碍物？能否发明设计障碍物弹，像火箭布雷一样，依托飞机、直升机、防空导弹、高射炮等打击平台的发（抛）射机构，根据空战需要随时随域进行临机发（抛）射，用于限制敌飞机、导弹起飞降落、割裂敌空战队形、封锁敌空中走廊、阻止敌空中机动？基于同一机理，能否向空中发（抛）射烟雾弹、铂锡弹，进行空中致盲和空中遮蔽？

从太空域来看，随着人类空间利用和空间开发技术的不断进步，人类在太空漫步越来越频，滞空时间越来越长，储放太空资源越来越多，太空俨然成为世界军事强国布兵备战的准战场，围绕卫星防卫、轨道争夺、资源开发、星球夺控的太空攻防将越来越激烈。面对利剑（激光武器）、长矛（粒子束武器）、神鞭（微波武器）、飞镖（动能武器）等作用机理、杀伤效能非同寻常的太空武器，如何进行防护？能否基于这些太空武器的杀伤机理，在卫星、空间站表面涂抹遮弹层、挂载遮弹板？当航天员出舱作业时，如何进行防护？需不需要构筑掩体？构筑什么样的掩体？能否在敌用航天器运行轨道上机动布设筑城障碍物？怎么在航天器运行轨道上布设障碍物？卫星、空间站等各类天基武器装备是不是只能返回地球维护补给？需不需要建立天基军事基地？

此外，适应跨域机动作战要求，未来筑城技术将向陆、海、空、天一体防护方向发展。相关资料表明，近年来美国某机构研制了一种特殊的充气结构板,这种结构板与架空吊杆可以组合成帆船在水上漂浮(多组结构可组合为大型浮渡器材运输装备),需要换乘时结构构件还可以组合为具有防弹功能的冲锋舟用于装载战斗人员突击上陆,上陆后还可以改组为帐篷式掩蔽部,整体分解后的单个构件可作为单兵防护盾牌使用,纵深作战或由进攻转入防御后还可以制作成班组掩蔽工事、射击工事、观察工事……这也给我们提供一种思路,未来筑城技术将向满足多域武器装备多功能一体化防护方向发展。

当然,仅靠产生于陆域的现有筑城技术显然无法满足海域、空域、太空域作战需求,未来能够满足作战需求的筑城也一定不是现有意义上的筑城。还是那句话:作战空间拓展到哪里,阵地工程就拓展到哪里,筑城的活动舞台就在哪里。也许现有筑城技术还没有深度触及海域、空域、太空域等作战空间,也许现有筑城技术在海域、空域、太空域发挥的作用还十分有限,但那不代表不需要筑城。恰恰相反,陆域之外作战空间阵地工程防护和战场工程建设的空白和需求正在强力呼唤筑城去填补。

三栖变形金刚:指挥车辆的未来

狭义上讲,指挥车辆与筑城没有必然的联系,指挥车辆未来怎么设计、怎么发展也不在筑城的现有研究范畴之列。但广义上讲,指挥车辆的生存防护本身也属于防护,研究筑城、研究战场防护就不得不关注指挥车辆的生存防护、不得不关注指挥车辆的未来发展。

有点军事常识的人均应该十分清楚：面对当前全天候、无死角、高精度的侦察监视和多元、快速、精准的火力打击,战场固定目标极易成为被敌打击的活靶子,要想提高战场生存率必须动起来。与此同时,现代战争战场空间广阔、作战节奏加快、时间要素升值特征突显,传统固定式指挥机构难以满足作战进程快速转换、作战力量广域机动、指挥控制及时准确之要求。因此,进入新世纪以来,除国家首脑或战区指挥员使用的战略指挥工程,通过大型土木构筑防护等级较高的固定式指挥机构实施固定式指挥越来越不合时宜,指挥员尤其是战术指挥员更加青睐依托车载、机载、舰载指挥控制平台实施机动式指挥所,以满足指挥所快速开设、快速转移、快速接替之要求。

客观评析,通过开设机动式指挥所,在很大程度上确实降低了指挥所被敌打击命中的毁伤率,提高了指挥机构的生存力,增强了作战指挥的时效性,大大提升了作战指挥效能。但"道高一尺,魔高一丈",事物发展都是相反相成的。随着武器装备智能化程度的不断提升和作战方式的变革,克制和猎杀指挥车辆的手段逐渐出现并不断增多,一般意义上依车建所的机动式指挥机构又面临新的矛盾问题和安全威胁,战争形态和作战方式又对机动式指挥机构提出新的更高要求。

一是察打一体无人机的"追杀"要求指挥车辆不能一成不变。集侦察、监视、捕获、打击于一体的察打一体无人机,不仅机动速度能够跟得上指挥车辆,而且具有动态侦察监视功能,一旦发现目标便紧紧"咬住",根据作战指令与战场环境实施打击,适时评估与反馈打击效果,并视情进行补充打击。2020年1月3日,苏莱曼尼登上一辆民用越野车,被盘旋在机场周围上空的一架美国"死神"无人机识别锁定,车辆刚刚开出机场,"死神"无人机就向其发射两枚"地狱火"导弹但均错失目标,苏莱曼尼的车辆意识到危险后在黑夜中狂奔,"死神"无人机在上空急速追杀,再次锁定目标进行第三次补充打击,美国成功除掉了其心腹大患——号称"中东谍王""伊朗肱股"的苏莱曼尼。也就是说指挥车辆一旦被发现,仅靠战场快速广域机动是无法逃避打击的。根据察打一体无人装备"发现目标-监视目标-匹配目标-打击目标"作用机理,指挥车辆要想不被打击,必须切断察打一体工作环。也就是说指挥车辆不能一成不变,要通过不断变形,扰乱"发现-监视-匹配"的链路,以甩掉目标跟踪监视或致使目标无法匹配。

二是一体化联合作战要求指挥车辆能够跨域无障碍机动。适应现代战争参战力量联合多元、战场空间立体多维、作战行动协同增效、指挥控制跨域一体、作战进程快速转换的特点,一体化联合作战已成为现代战争的基本作战形式。在这种作战形式下,作战力量的聚合度、作战行动的协同度、战场机动的连贯度、指挥控制的精准度和时效度直接决定整个作战体系作战效能的发挥。但陆、海、空、太空战场空间的自然割裂,各域尤其是陆域空间内复杂的地形地物,作战对手人为设置的战场障碍,又从反的方面制约和影响这些作战指标达成的高低。

比如：渡海登陆作战时需要依托陆上车辆装备远程机动至集结上船点；而后装载上船，依托舰船航渡；到达泛水编波区后，还要换乘其他登陆装备；抵港后，需要将船上装备卸载；陆上作战，又要换乘陆上装备。另外，在抢滩登陆和纵深机动时，面对多层障碍能否登得上、通得了、绕得开还是另外一回事。也就是说，在各域之间的转换界、复杂地形的割裂区、人为设置的障碍前，指挥车辆的机动速度会大大降低甚至处于静止状态，这时不仅指挥效能会大打折扣，而且指挥车辆的安全风险会大大增大。对于这一点，跨界陆域、海域的登陆作战之所以在所有作战样式中难度最大、伤亡最大，就是最好的例证。解决产生影响的问题才能消除因问题而产生的影响。为满足全程不间断指挥要求，为提高指挥机构的战场生存率，自然要求指挥车辆最好既能陆上跑，又能海中游，还能空中飞，最好能够实现陆、海、空甚至太空多域无障碍物机动。

三是全方位多元力量打击要求指挥车辆要有"金刚不毁之身"。面对来自空基、海基、陆基、天基等各类武器平台的全方位多层次打击，包括指挥车辆在内的任何一个目标都很难摆脱被武器装备打击命中的风险。这就要求指挥车辆自身要具备较强的防护能力，要能够抗得住炮弹、航弹、精确制导炸弹的打击。这里所指的抗得住有两层意思：一方面是指当感知到来袭目标时能够通过诱偏、干扰、引爆等方式进行主动防护，使导弹、炮弹不能近身，另一方面是指即便被打击命中指挥车辆也能"毫发无损"。当然,从现有武器装备打击能力看,不可能做到完全意义上的"毫发无损",这里的"毫发无损"限制在特定目标与特定毁伤等级范围之内。并且指挥车辆要练就"金刚不毁之身",可能主要还是依靠第一层面的防护。

有什么样的作战需求,就需要什么样的武器装备。在既要会变形又要能够适应多域地形环境机动,还要能够抗得住打击多重需求的推动下,未来的指挥车辆可能是具备三栖机动性能的变形金刚。

这不是天方夜谭,也不是异想天开,目前已有相关技术与理论预研,甚至有些已经从概念走向图案设计,从技术实验走向成品生产。

从跨域机动角度看:2018年6月6日俄新社报道,俄罗斯亚历山大·别加克设计发明了一种既能天上飞也可陆上跑还会水中游的独特交通工具,并在莫斯科航展和俄罗斯年度武器装备展上亮相。据介绍该机器最大飞行距离达450千米、飞行时速70千米,地面时速120千米,水面时速30千米,起飞荷载可达320千克,已完成从俄罗斯南部到莫斯科的测试。更为重要的是,其设计者明确表示此"飞跑车"主要用于未来特种作战和紧急救援。荷兰设计研发的一款空中汽车,地面驾驶模式和空中飞行模式切换可一键完成,其中地面驾驶模式最高时速达180千米;澳大利亚研究制造的一款飞行汽车,从车辆模式变为飞机模式仅需几秒钟;2020年10月1日,在迪拜世界博览会上,一款名为"鲲"的无人驾驶新能源概念车亮相并备受关注,该车可以实现水陆空三栖,机动不受地形和空间环境限制。近年来,世界多个国家已研发生产出多款类似车辆装备。可以想象一旦此类交通工具广泛装备部队,从机动集结到跨海航渡再到纵深突击,整个登陆作战可以全流程无停顿连贯实施,进攻方可以轻松跨越防守方历时数年布设的多道障碍场,防守方凭借依陆制海先天优势"毁敌于水际、歼敌于滩头"的美梦将瞬间化为泡影。

从车身变形角度看:在很多人的印象中,"汽车"变身可能只是电影《变形金刚》等影视剧中的神话,但目前美国、德国、日本、土耳其、韩国等世界多个国家已经设计生产出现实版的变形金刚,汽车变形已不再是一种遥不可及的科幻。美国麻省理工学院研制的一款可折叠汽车,不仅使用万向轮,而且车体通过折叠可大大减小通行空间,非常适应在城市道路通行;德国人工智能中心研制开发的一款智能变形车,其四个轮子可以 90 度旋转,原地 360 度调向,可以像螃蟹一样横着走;部分门户网站和社交平台上推出一款未来 30 年的概念城市公交车,该公交车安装有可智能感知和高低伸缩的腿支架,行驶过程中若遇到拥挤或其他车辆占用其行车道时,能够轻松通过拥堵区,可在城市内自由穿行;BMW 公司一改常规制造材料和工艺,制造了一款纺织面料车身的汽车,根据需要车主通过电动装置可任意改变车体框架外形;世界首个可供人乘坐的变形车,该车直立模式下高 3.7 米,可供 2 人乘坐,最高时速 30 千米,车辆模式下最高时速达 60 千米。以上这些车辆设计研发的初衷有的可能是改善城市交通，有的可能是某些工程设计师的一时兴起，但这些设计理念完全可以吸收运用到作战车辆和武器装备的研发。如此一来，车辆装备便可以在山地作战、城市作战中轻而易举地克服弹坑、泥泞、土坡、陡坎等机动道路上的障碍。

从防护抗力看：南非派拉蒙集团设计制造的掠夺者战车，号称"世界上防护能力最强的车辆之一"，它具有防弹轮胎、防爆炸、防爆座椅、超强无敌承载力等防护性能。其中，装甲防护能力能够抵抗单兵火箭弹的袭击，底盘可以抗得住7磅TNT炸弹与反坦克地雷的爆炸，轮胎被12.7 mm步枪弹击中也不会破胎，对于遇到的一切障碍能够神挡杀神、佛当杀佛。此外，它还配有爆炸装置干扰器，使爆炸性炮弹无处近身，可作为作战指挥车辆使用。俄罗斯的"铠甲-SM"炮弹合一防空系统，携带十几枚射程为20千米的防空导弹，其57E6高爆弹头爆炸后能在6米范围内形成3 000多个破片，使来袭目标有来无回；除防空导弹外，其2门2A38M高射炮，使用高爆曳光弹和高爆燃烧弹交替发射，每分钟可发射4 800发，可在3千米高度范围内形成一个打不进的"铁布衫"。虽然这是一种防空系统，但其防护方式和防护能力对于指挥车辆多有裨益。

上述举证并非说明同时满足三栖机动、适时变身、超强抗力的作战指挥车辆已经存在，只是说明实现某个单一性能已有相应技术基础。相信只要将相关技术融通与整合，打造一款上得了天、下得了海、变得了身、防得了弹的指挥车辆并非没有可能。届时，指挥机构不仅不再需要因作战地域变化而重新开设、反复

"搬家",从而有效提升作战指挥效率,而且会因机动能力、防护能力的提升大大提高战场生存概率。

一人千面与千人一面:指挥员的模样

有什么样的战争就需要什么的作战指挥,有什么样的作战指挥往往就上演什么样的战争。在整个作战体系中,作战指挥是导控战争物质流、能量流、信息流的总开关,是影响战争胜负的最大不确定性因素;在整个作战指挥系统中,指挥员是整个作战指挥活动中最活跃最核心的要素,对作战指挥效能的发挥具有主导和决定性作用。

地位与影响相称,价值与风险并存。系统论告诉我们,系统中最重要的结构往往也是最脆弱的结构,一旦破坏后也是造成系统效能损耗最大的结构。作战指挥对战争成败有决定性影响,指挥员对作战指挥的决定性作用,决定作战胜负,作战指挥对指挥员高度依赖。作为整个作战体系中核心的核心,指挥员不仅权力最大、责任最重、地位最关键、作用最突出,危险系数也最高,是敌方重点打击的首要目标。

如何做好指挥员生存防护不仅是筑城应该考虑的问题,也是各级指挥员最为关注、最为头痛的困扰,不仅我军高度重视,相信世界上任何一支军队都在研究探索。

尤其是精确制导武器、无人自主武器等可能并非为刺杀指挥员定制而生，但确实为定点清除指挥员提供一种行之可靠的高效手段，成为战场上悬挂于指挥员头上挥之不去、令人惊魂的达摩克利斯之剑，将指挥员推到生与死的奈何桥边缘，随时可能对指挥员进行生死宣判，使指挥员防不胜防。

2018年，伯克利大学教授在联合国大会上展示了一款比手掌略小的无人机，其携带3克炸药，通过人脸识别系统识别目标人物，确定目标后飞冲目标前额实施精准爆头打击，目标当场倒下。

如果说当时这还只是一种科技演示，那么现在无人机杀人已成为活生生的现实。2020年1月3日，中东反美精神领袖苏莱曼尼在巴格达机场附近被盘旋于空中的美国MQ-9"收割者"无人机识别锁定与击杀。2020年3月，在利比亚战场上一架土耳其生产的"卡古"2型四旋翼无人机，在完全自主模式下攻击了一名"国民军"士兵。2020年3月30日，土耳其与利比亚政府军联手对哈夫塔尔领导的国民军发动进攻，土操控无人机轰炸了国民军司令部，至少10名高级指挥官被当场斩首。2020年11月27日，伊朗核科学家穆赫森·法克里扎德在德黑兰附近被一架自动遥控机枪击杀，整个暗杀行动只有3分钟，除法克里扎德和挺身保护他的肉盾保镖外，没有其他人员伤亡，目标指向性很强。2020年11月29日，伊朗革命卫队高级指挥官穆斯林·沙赫丹乘坐的车辆在加伊姆地区遭无人机袭击，其与3名随从当场身亡。2021年7月，阿富汗政府军使用无人机对塔利班前线指挥中心进行搜索并锁定目标，待所有军官均进入指挥所后，发射精确制导炸弹，一举猎杀20几名指挥人员（包括12名高级指挥官和8名助手）。此外，无论是在亚美尼亚和阿塞拜疆的纳卡冲突，还是在叙利亚战场上，都先后多次出现使用无人机杀人的事件，无人机杀人已不再是什么稀奇古怪的新闻。无人机精确点杀的频频得手使各国国家政要、军队指挥员陷入前所未有的焦虑与惶恐。

利矛已至，盾将何在？

当前如何躲避杀人蜂等无人自主武器的攻击，如何确保指挥员的生存安全，成为世界各国军队共同关注的焦点，成为各级指挥员的最大忧愁与困扰，成为攻防双方致力破解的头等难题。可以说，谁能找到破解无人自主武器的魔咒，谁能解决好指挥员的安全生存防护，谁就能在未来战争中确保作战指挥稳定，谁就能在未来战场夺取作战主动权。

客观地讲，面对无人自主武器自主感知、自主判断、自主决策、自主行动的闭合打击环，面对不仅打得准、打得快而且定着打、追着打、无孔不入打的打击威胁，面对"识别—跟踪—匹配—打击"的打击方式，仅靠一般意义上的疏散隐蔽、机动躲避、战场规避，实属徒劳。

从20世纪初的信息化精确制导到现在的无人自主，最大的不同是杀伤机理的不同。原来的精确制导需要人工将相关信息参数输入，需要人工识别决策或下达打击指令等人工干预。现在无人自主的杀伤机理是"自主感知目标—自主识别目标—自主判断目标—自主打击目标—自主评估效果"，即武器系统内部嵌有人工智能模块，人工智能主导整个武器装备的运行。只要战场情况超出人工智能的智商水平，只要战场识别的目标不在目标库内，只要战场目标与预存目标匹配不上，只要打乱了无人自主武器的内部杀伤运行链路，它就无法下达打击指令。

由此我们自然想到如果指挥员能够像孙悟空一样会七十二变，那不就万事大吉了！是的，但孙悟空的七十二变毕竟是神话，以现在的技术来看还不可能实现。通过研究学习，我们发现目前的无人自主识别技术主要还是基于人脸识别，即通过识别人的眼睛、鼻子、嘴等脸部特征匹配目标。也就是说虽然无法变身，但可以通过为指挥员变脸扰乱匹配过程，切断打击链路。

讲到这里，也许有人马上会说，变脸也是痴人说梦。是的，大众认识的变脸可能主要停留在《画皮》等影视小说中：《画皮》中周迅饰演的狐狸小唯在沐浴间通过身心互换变成赵薇饰演的将军妻子；美国片《变脸》中，吴宇森通过变脸技术一人演绎了两个角色的双雄对决；影片《机械姬》，科学家通过禁室培育，为机械体随意换装美女脸；影片《至暗时刻》中，奥德曼通过特效化装尤其是穿戴硅胶套，直逼丘吉尔本人；前几年国外网络上流传一个非常诡异的影片，影片中美女艾玛·华森在接受采访的几秒钟时间内，脸部突然崩裂变成哥伦比亚的女明星；电影《剑雨》李鬼手通过将蛊虫放入病人鼻子里啃噬其面部肌肉骨骼，实现易容；《天龙八部》中的阿朱因易容过真，被乔峰误认为是段王爷一掌劈死；《琅琊榜》中赤焰军少帅林殊身受火寒之毒后，通过忍受削骨挫皮之痛脱胎换骨为麒麟才子梅长苏，骗过大梁朝野成功复仇……

但有些变脸事件确是真的：美国一家银行被一名满鬓白发的老人抢劫，得手后又跑得飞快，警察赶到后早已逃之夭夭，后来警察分析断定这一定是戴着人皮面具的年轻人。美国印第安纳州一名42岁的男子因救人被电击致命严重毁容，后通过面部移植重新做回"正常人"；另外韩国的整容术和日本的化装术可以让乌鸡妹变成凤凰女，泰国的变性术可以把刚猛勇毅的超男变成妩媚妖娆的女郎。

另外，我们不要忘了，变脸可是我们的国粹，它经常出现于川剧表演的舞台上，是看得见、摸得着、实打实的非物质文化遗产。舞台上刹那间如梦如幻的变脸绝技，经常让台下观众拍案叫绝、匪夷所思。

也许有人说戏曲中的变脸就是带了一个面具，其实根本不像人，没有什么逼真度。是的，戏曲中的变脸是换的花脸面具。照此推理，我们现在需要解决的不就是把花脸面具换成逼真度比较高的人皮面具吗？关于现实中人皮面具制作过程早已不是什么秘密，通过百度就可以快速探索出其制作所需要的材料和具体工艺流程：准备模种-清理模种-倒灌硅胶-加温固化-脱模修剪。如果说这种传统仿真人皮制作过程工艺复杂、耗时较长、逼真度不高、实用性不强，那么现代科技的发展则可能会完全改变我们的认知。

美国硅谷一家公司推出的3D面相机能够360度无死角复制一个人的脸；紧跟其后，日本的REAL-f公司使用三维照片和3D图像大大简化了人皮面具的制作过程,整个制作时间缩短到30分钟,制作的面具不仅形态逼真,连毛孔、雀斑、眼睑和光泽度都能完全复制等。两家公司在推动人皮面具制造效率上配合得相得益彰。不得不说,随着科技的发展,易容的成本和门槛越来越低。讲到这,也许有人已经有些毛骨悚然了,但殊不知这只是科技发展的冰山一角,现在已经出现更劲爆的易容术——3D电子皮肤。日本的一家3D科技公司通过将3D技术与脸部捕捉技术融合,可以在人脸上投射各种图案,并与人脸无痕迹融合,人可以秒级时间内随心所欲地变成要想的面貌。

可以想象,如果指挥员都能掌握变脸术,便可以在凶险的战场上随时变一张面孔;如果这些易容术能够为指挥员所用,无人自主武器感知的目标图像就与目标库中的目标无法匹配,无人自主武器后一分钟感知的目标图像就会与前一分钟感知的目标完全不一样,这样无人自主武器就会不知所措。当然无论是戏曲中的变脸术,还是3D打印人皮面具,肯定都是一个技术活,都需要学习研究,将其运用到战场指挥员防护上也需要一个过程。但相信如果放在事关生死的高度,加大研发和运用转化力度,指挥员与指挥保障人员掌握这门技术应该不是难事。

从应用方式上看,易容术应用到指挥员战场生存防护有两种:一种是指挥员变化为多幅面相,使无人自主武器寻不到目标无法匹配;另一种是所有人包括假目标都用一种面相,以假乱真,使无人自主武器掉入目标大海无法匹配。但无论哪种方式最终目的都是切断无人自主武器的打击链,都是让无人自主武器找不到真正的指挥员。

一句话,未来的战场,可能你看到的指挥员不一定是你的指挥员,可能你自己都认不出哪个才是自己真正的指挥员,可能每个人都长得一个样,可能你自己都不认识你自己。这不是主观臆想,是战场生存所需。

从防御走向攻防一体：补筑城之缺位

在前文我们已经反复阐明筑城有隐蔽、防护、威慑、迟滞等作用,筑城的内涵是阵地工程,筑城不仅可以用于防御作战,也可以用于进攻作战,不仅可以用于防御性作战行动,也可以用于进攻性作战行动。而且从目前来看,在进攻作战和进攻性作战行动中筑城缺位的现象特别突出、需求特别强烈。需求牵引方向,未来筑城应由传统的注重防御向保障攻防一体作战方向发展。

具体来看,现代战争作战空间立体、多域行动、跨域协同、前后一体、机动聚优特征明显,武器装备面貌和杀伤方式发生革命性变化,新质新域作战力量和作战手段对作战效能的贡献率提升,未来筑城发展应围绕这些方面重点发力。

向保障陆、海、空、天多维空间战场机动安全防护方向发展。无论是多域战、全域战,还是马赛克战、分布式杀伤,本质上都是强调多维战场空间作战力量广域分布、协同行动、机动聚优,机动占据整个作战进程的很大部分，是串联各个作战行动的主线和关键，能否做好机动过程的安全防护尤为重要，事关后续作战行动能否顺利进行和整个战役战斗的成败。与此同时，如果说之前战场固定目标面临较大生存风险，那么随着寻的制导、复合制导等制导技术在武器弹药方面的应用与发展，现在对机动目标实施精准打击也已不再是什么难事，不注重防护的机动目标也同样面临严重的战场生存威胁。

但目前的筑城技术主要还是在某一地域通过构筑掩蔽部、掩蔽所、掩体等筑城工事进行防护，说到底还是停止或驻止状态的构工防护，除了披挂伪装网、迷彩伪装等作业方式，对于机动过程中的车辆装备还缺乏有效的防护手段。但客观地讲，这些传统防护手段作业效率比较低下，远远难以满足作战节奏快速转换的需要，这就导致很多车辆装备未能采取任何有效防护措施在战场上"裸奔"。可以说，从伊拉克战争美军的左勾拳行动，到乌克兰战场上俄军长达63千米的"铁甲长龙"围攻基辅，世界各国之所以能够通过卫星在互联网上现场直播，其没有有效的伪装措施是主要原因。另外，目前空中战机的隐形主要是针对雷达侦察，真正能够完全让敌人"看不到"的飞机还很少。此外，舰艇在机动过程中如何隐身、如何防护？空间站在轨飞行时如何隐身、如何防护？这些问题也许已经超越了筑城的现有内涵，但从防护角度看也是筑城专业领域可以考虑的方向。总之，怎么做到机动过程中看不到、打不着、打不毁，如何确保作战目标在机动过程中的安全，是未来筑城亟须研究破解的重大现实问题。

向防敌无人武器机动、杀伤和提升无人武器战场生存方向发展。基于目前无人机、无人战车、无人潜航器在战场上展现的作战功效，可以预见无人蜂群作战将是未来战场的一种主要作战方式。围绕无人集群的机动与反机动、击杀与反击杀将异常激烈。比如，作为防御方，面对体形小巧、机动灵活、难以发现的无人机蜂群，布设什么样的障碍物、如何布设障碍物，才能阻止无人机机动，才能扰乱无人集群作战队形？指挥员、战斗员、指挥车辆、通信枢纽、弹药库、油料库、机场、港口、导弹阵地等如何防护才能避开无人机蜂群的空中破袭与击杀（如何防止成本低廉、挂吊弹药的无人机对掩体内的单兵实施杀伤）？作为进攻方，如何确保无人机在起飞、空中机动、降落接近和突击目标过程中不被干扰、击落或坠毁？对于体量这么多的武器装备怎么进行伪装才能不被发现？如何消除这些目标的电磁暴露征候？如果被发现或遭受打击，是生死由命还是进入防护工事？是在空中构筑防护工事还是在地面构筑防护工事？如果在空中构筑，构筑什么样的防护工事？怎么构筑？同样的问题，对于地面无人战车、水下无人潜航器，需不需要构筑防护工事？构筑什么样的防护工事？怎么构筑？……诸如这些问题，筑城专业难道不需要考虑吗？

向阻敌新概念武器机动、杀伤和提升新概念武器战场生存方向发展。当前世界军事强国正在加紧研发推出能够颠覆战争游戏规则的新概念武器。与传统武器装备相比，由于这些武器在工作原理、杀伤机理与杀伤方式上具有革命性变化，将对未来作战方式和战争制胜方式产生重大影响。比如，作为防御方，激光、高功率微波、粒子束等定向能武器发射的能量束接近光速，从发射到射中目标可能就在毫秒微秒间，在近乎没有反应的时间内如何进行防护？依靠火箭或电磁能产生推力的动能武器，不仅飞行速度极快，而且杀伤方式由爆炸能量杀伤转变为动能杀伤，为确保空间卫星、弹道导弹、巡航导弹不被其拦截，如何阻其超高速飞行？如何防其直接碰撞式杀伤？面对臭氧、电离层等气象武器大面积改变局部作战区域气象环境的威胁，采取什么防护措施才能确保己方作战空间自然气象环境不被改变？作为进攻方，同样需要考虑采取什么防护措施才能确保定向能武器、动能武器、气象武器等新概念武器在机动和作战运用过程中不被发现与击毁。当然，正如前面所述，也许有人会提出"这些措施已经远远超出现有筑城技术手段的基本内涵"的质疑，这无可厚非，因为筑城的内涵本来就是在发展变化和拓展之中，我们的目的和价值就是探索认知这些"超出的部分"。退一步讲，即便经过研究这些"超出的部分"的确不属于筑城专业领域，对于军队建设和部队战斗力的生成也是有百益而无一害的。

向抗敌战略核武器首波打击或确保己方战略核武器安全方向发展。自原子弹问世尤其是美国在日本广岛、长崎"实爆"以来，核武器当之无愧成为武器装备杀伤榜的头牌，当之无愧地成为人类战争史上威慑性最强的"杀手锏"。可能也正是基于核武器这种定海神针的作用，虽然早在1968年包括英、美、苏等59

个国家在内的联合国就通过了《不扩散核武器条约》(以后简称《条约》),之后世界范围内绝大多数国家陆续加入,但近年来为对抗霸权主义欺凌等种种原因,不排除个别国家为确保自身绝对安全秘密进行核试验,即《条约》并没有完全挡住核扩散。尤其是当美国将世界战略基调定位为重回大国竞争后,自冷战结束后核威慑和核战争触发的风险创历史新高。尤其是以美国为代表的个别国家背后怂恿甚至公开声称摧毁有核国家的核武库(核设施)和对他国进行核打击,核战争的潘多拉魔盒随时可能打开。

因此作为有核国家,倘若核武库被敌侦察发现,构筑什么样的工事才能确保核武库的安全?除了构筑工事,还可以采取哪些主动防护措施以抗击可能遭受的核打击?作为无核国家与承诺不首先使用核武器的国家,其军政首脑、战役指挥机构、首都、大型城市、机场、港口、通信枢纽等如何进行防护才能抗得住敌人的核打击?……如果说防敌新概念武器杀伤多少有些超出筑城的基本内涵之嫌,那么构筑这些战略性核武器防护工程则是筑城的本身应有之义。

向保障关键性作战目标和作战节点安全防护方向发展。备前则后寡,备后则前寡;备左则右寡,备右则左寡;无所不备,则无所不寡。对于任何一支军队,防护力量毕竟总体有限,面对全方位随时可来的侦察打击,不可能在各个目标、各个时节上平均用力,不可能确保整个作战体系中的所有目标、整个进程都绝对安全。但从体系布局上看,有些作战目标在整个作战体系中起着决定性、支撑性作用，一旦被摧毁可能会严重影响整个作战体系的稳定和作战效能的发挥，比如指挥所、通信枢纽、雷达站、防空导弹阵地、机场、港口、弹药库等；从作战进程上看，有些作战节点在整个作战进程中起着承上启下、疏导通联的枢纽性作用，一旦堵塞中止，整个作战进程就会停滞、整个作战节奏就会被打乱，比如渡海登岛作战的海上航渡、立体上陆，突击上陆阶段的阵前破障，作战指挥活动中的定下决心……我们要做的就是找出这些重要目标和关键节点，紧紧围绕这些重要目标和关键节点实施重点防护，以此确保作战体系总体安全稳定运行。

向促进作战效能聚合发挥方向发展。现代战争不是单一作战平台与单一作战平台的较量，而是作战体系与作战体系的整体对抗。可以这么讲，同样的作战力量，攻防双方谁能将作战力量优化整合为一个体系，谁的作战体系结构更优、效能更聚合、释放更合理，谁就能占据作战胜势。在前文中，我们已经反复阐明防护是筑城的主要功能之一，但筑城的作用不止是防护。筑城的当下之义虽然是提高战场生存，但未来的筑城不应局限于战场生存。一切专业、所有兵种虽然职能分工不同，但最终目的只有一个，即促进作战效能的生成与发挥。同样，未来筑城专业可适当突破战场防护这一原始定位，开阔视野格局，将促进作战效能整体提升作为专业领域建设发展的根本出发点和落脚点，重点围绕实现作战进程前后衔接、兵种行动协同一体、军种跨域联合增效等目标，规划设计阵地工程和专业力量建设，成为体系作战能力增长新的生长点。

坦率地讲，任何一个领域都有其应有的研究范畴和边界，上述内容可能有些现在已经远远超出筑城的研究范畴，可能有些现在与筑城一点关系都没有，甚至有些内容可能未来也没有进入筑城的范畴。在此，我们只是为筑城发展列出几个可供研究和考虑的方向重点，只是为了强调筑城发展与作战运用应攻防兼顾。

虚拟阵地接入现实战场：立体成像

科技改变世界。随着互联网、虚拟现实、增强现实、人机交互等技术的融合发展，虚拟会务、虚拟社交、虚拟娱乐、虚拟购物等现实世界中几乎所有的人类生产生活活动均可以在虚拟网络空间得到体验，基于人类认知空间建构的虚拟世界逐渐从人类认知空间中走出，开启了与人类现实世界平行的新纪元——元世界或元宇宙。

如果说利用虚拟现实技术建构的世界只能借助 VR 设备才能看到，那么混合现实（XR）技术则将虚拟世界与现实世界实现融通，让观众裸眼即可观看原来通过 3D 眼睛才能看到的虚拟效果，并可进行虚实人机互动，为观看者提供虚拟世界与现实世界无缝衔接的沉浸式体验，打通了虚拟与现实二元世界之间不可逾越的鸿沟和壁垒。

2020 年央视春晚上，剧组使用全息投影技术，复制出"四个"立体幻影的李宇春,与李宇春真人不时互动,共同完成《蜀绣》节目表演,整个过程毫无任何违和感。

2021年央视春晚上,剧组通过场景融合技术,把早就宣布不能参加春晚的刘德华竟然空降到春晚舞台现场,与王一博、关晓彤站在一起完成表演;与刘德华一样,不能到现场的周杰伦,却在另一个与春晚一模一样的虚拟舞台上达到以假乱真之效果;与之前形成鲜明对比,这次李宇春不仅能够任意变装,而且能够在热带雨林、风吹麦田等多个场景中来回穿梭。此外,第一位AI虚拟歌手"洛天依"登上春晚舞台C位呈现,标志着主流文化对二次元的接受与认可。另外,在江苏卫视舞台上,周深和虚拟合成的邓丽君进行了跨越时空的合唱;东方卫视舞台上,通过XR技术将类似"滚筒洗衣机"装置呈现为太空舱……

讲到这里,也许有人特别是普通大众会问:举证这些春晚娱乐节目有什么用?它与战争有什么关系?与筑城又有什么关系?如果讲到这里,还没有触发我们思考的神经,那我们将聚光灯向军事和战争拉得近一些。

早在1992年,美国赖特·帕特森空军基地开发首个混合现实系统原型,初步实现视觉、听觉、触觉在虚拟世界与物理世界的叠加转换;在1993年的索马里战场,美军就曾使用全息投影技术在空中投射出耶稣影像,用于激励鼓舞海军陆战队员的战斗精神;第四次中东战争时,美军协助以色列通过"信息插入"技术,向埃及飞行员穿戴的耳机输入妻子呼唤回家的声音,用以干扰飞行员的思维;2005年,美军研发出第一个完整意义上的

MR士兵训练系统,该系统通过头盔显示器可以感受到真实战场中的声、光变化;2014年,美国某科技公司研制出一款药片大小的全息投影仪,可以精确控制每束光的颜色、亮度、射向;2022年8月,在一次美国陆军测试与评估司令部演习训练中,评估测试了150多名美军士兵掌握使用"综合训练环境系统(STE)"的情况;2020年底,美陆军声称要在2023年为陆军士兵装备约1万个"混合现实"护目镜(集成视觉增强系统)。这说明什么?这说明VR、AR、XR等技术已经发展相对成熟,不仅在游戏、娱乐等领域应用广泛,而且已经渗透应用于军事领域。

试想,一旦这些技术被筑城专业领域吸收借鉴,必然会对阵地工程构筑、战场设施建设、战场环境营造等产生积极促进作用,对未来作战产生革命性影响。

具体来讲,这些虚拟现实、增强现实和混合现实技术可能有以下几种应用场景:一是建构假的战场环境,对真实战场进行伪装。通过在战略性武器装备表面安装智能感知电子显示屏或数个微小全息投影仪,实时感知周围环境和改变武器装备外观,确保武器装备在机动过程中和投入新的作战环境后始终与周围环境相一致;为指挥员穿戴全息投影头盔与折叠式智能感知衣,把指挥员变成能够与战场环境完全融入的"透明人",防止指挥员被定点斩首;通过电脑合成和三息投影技术将合成的虚拟战场环境投射到真实战场,对作战地域兵力部署和作战行动进行成像伪装。

二是建构虚拟训练环境,支撑实战训练。区分岛屿进攻作战、边境反击作战、城市作战、山地进攻作战、防空反导作战等不同作战样式,使用虚拟现实技术构设虚拟作战训练场景集,使用空间站或空中飞行器将其立体投射到三维物理空间,为武器装备操作、专业技术训练、专业战术训练、合同训练、联合训练等提供逼真的实战训练环境。

三是建构假的阵地工程,形成战场威慑。在重要的陆上机动道路、海上通道、空中航道"布设"虚拟合成的障碍物,吓阻和迟滞敌方机动展开;通过大空间立体投影,在作战地域内立体成像兵力集结和宿营阵地、进攻出发阵地、停放飞机的机场跑道、整装待发的防空导弹阵地、布列舰艇的港口码头、弹药库等战场阵地工程,彰显强大的作战实力和严阵以待的作战准备,慑止对手不敢轻举妄动。

将这些技术应用于阵地工程构筑和战场建设有以下几个优点:一是灵活性强,可根据作战需要建构与周围地形相一致的战场环境。传统的阵地工程构筑和战场建设,需要根据战场环境因地制宜地设计、选材、施工,要求装备器材、措施手段与现地战场环境之间要有很强的适应性和针对性。某种措施可能在某一作战地域适应性很强,但到另一作战地域后可能根本没法用,根本起不到任何防护效果。比如涂抹丛林迷彩的武器装备在丛林地可以较好地隐蔽自己,但到达冰天雪地的环境后反而增大了暴露征候。战场虚拟建构与增强技术则不存在这一问题,其在后台智能算法的支撑下,可应战场环境之变,设计成像出成千上万种战场图景。

二是时效性强,可大大提升阵地工程构筑和战场环境构建的效率。使用人工、机械、爆破等传统土木作业方法,完成阵地工程构筑需要经历勘察选址、任务筹划、器材准备、现地构工、实施伪装等各个环节,每个环节又包含若干子环节,所需作业时间较长。战场虚拟建构与增强技术,在智能感知、智能筹划、全息投影软件系统的支撑下,能够实现虚拟阵地工程和战场环境的一键化立体成像,大大缩短作业周期。比如,使用十几台工程机械完成一个旅基本指挥所的构筑可能少则需要几小时,多则需要几天、十几天,而使用战场虚拟建构与增强技术可能只需几分钟。

三是费效比高,可大大降低阵地工程和战场环境改造的成本。传统手段构筑阵地工程和改造战场环境不仅费时,而且需要消耗大量人力、物力、财力。比如,构筑一个营级规模的阵地可能就需要几十个班前方战斗分队人员掩蔽部、4~5个连指挥观察所掩蔽部、一个营指挥观察所掩蔽部、若干观察工事、掩蔽工事和障碍物等,每个工事又由数量不等的制式和就便器材组成,构筑这些工事和障碍物还需要若干套(件)装备工具,把这些装备、器材、工具运输到阵地上和构筑实施又需要大量人员和车辆……而使用战场虚拟建构与增强技术构筑阵地工程、构建战场环境,可能只需要一套软硬件系统和若干全息投影设备即可轻松搞定。

后记　如果它重要一定会回来

　　战争最为真实、最为公正,它容不得任何欺骗,也容不下任何冗余。浪沙淘金,在战争的舞台上,需要的一定走不了,不需要的也一定留不下来。

　　遗憾的是,在守成者与新兴崛起者这对矛盾体中,虽然新旧交替是不以人主观意志为转移的客观规律,但在权力交接的历史进程中,似乎从来没有一个守成者会主动承认自己的衰败,从来没有一个守成者会心甘情愿地交出手中的权杖。同样,纵观古今、横观中外,可能是出于忠诚操守,也可能是事物本性使然,任何一个军种、一个兵种、一个专业、一个单位在其存在的时代里尤其是事关其生死存亡的改革动荡期,似乎没有一个不认为自己重要,没有一个不在为自己的生存、发展、壮大、弥留而奔走呐喊、争宠夺利。有时甚至在它消亡的前夜也会拼尽最后一口气声嘶力竭地为自己做最后一次争取……从古代骑兵的没落到装甲洪流的轰鸣,从世界陆军的裁减到海空力量的扩增,从网电部队的出现到无人战队的兴起,概莫能外。

再次强调,这不是个别如此,而是普遍现象。

正是因为如此,基于以上逻辑,好像我们为筑城背书也有私念之嫌。的确,这是应该有的质疑和判断。对此,无需解释,因为任何解释当被定义为辩解时,即便它是真理也会变得苍白无力,而且还会遭人厌烦。

但即便如此,我们还是要讲:从战争逻辑和战争实践来看,我们认为筑城的生命周期还没有走到退出战争舞台的历史节点,筑城的作用和价值在战争舞台上还有很大的释放潜力和演绎空间,战争还需要筑城这一角色继续装扮。对此,俄乌战场上遍地开花、众目聚焦、战效不菲的阵地工程便是最好的例证。

适者生存,逆者死亡。当前虽然我们坚信筑城在战争舞台上不可或缺,虽然我们极力倡导筑城的极端重要性,但我们不是对筑城愚忠,更不是为传统筑城的顽固不化守成,我们呼唤的不是一成不变的筑城,而是能够适应战场需要的筑城,是与作战进程相一致、与作战方式相匹配的筑城。

事物运动发展的规律反复告诫我们:外因是推动事物发展的条件,内因才是推动事物发展的根本动力,外因最终还必须通过内因才能起作用。纵观整个人类社会战争史,任何不合时宜的逆流、任何墨守成规的顽石,都阻挡不了战争形态向前演变的巍巍巨轮。同样,筑城能否一直留在战争的舞台,筑城能否跳出作战要素兴衰的历史周期律,任何摇旗助威、任何外界干预都没有用,关键是看筑城能否自我完善、自我进化、自我革命,关键是看筑城能否适应战争形态的演变和作战方式的变革,关键是看筑城能否促进战斗力的生成和提高。

作为当代军人,无论什么出身、什么专业、什么岗位,都应该有一种大格局、大视野、大思维,应该秉持实事求是的战争观,应该放眼世界、胸怀战争、志存高远。我们应该十分清醒地认识到:我们追求的是打赢,服务的是军队,而不应把视野局限到自己的军兵种、自己的专业、自己的岗位,不能为了局部利益而狂舞乱喊,进而混淆视听、干扰决策,不能为了谋本领域、本专业、本单位之一域而影响部队备战打仗的大盘子,牺牲部队的整体战斗力,我们当不起历史的罪人。

如果我们是真正的智者,就应该冲破军种、兵种、专业的限制,就应该尊重战争的本原,就应该追求战争制胜的本理。具体地讲,在诸多作战要素中,什么能够适应战争的需要,什么能够主宰战场,我们就应该致力推崇什么、发展什么,就应该将其摆在建军备战的中心位置和首要地位;什么已经不能适应战争需要,就应该果断改变什么或者舍弃什么。这才是科学的战争观的核心要义与应有模样。

但到底什么样的作战要素才是战争的真正需要,什么样的作战要素应该被淘汰,军队的重大决策和发展方向是否正确,能否适应军事变革的浪潮,不是哪个专家说了算,也不是哪个团体说了算,需要时间的炖煮和战火的考验。当然,可能也正是因为战争检验的后发性,才容得下这么多"声音"可以为自己先前自由地评说和标榜。但任何言行都是有痕的,无论功过是非,历史都会为其记上一笔，都会在战争实践中收到血与火的反馈。

作为筑城专业领域的耕作者，现在我们一直为传统筑城落后于战争需要的窘境而伤神，一直为推动筑城发展以适应战争需要而致力，这是我们的工作，也是我们的责任，更是我们的情怀。当然，可能某一天我们会因筑城的衰落甚至衰败而感怀，但绝对不会为强挽筑城的存在而疯狂与逆施。因为我们十分清楚：战争实践是检验作战要素价值的唯一标准，服务战争实践是作战要素存在的根本价值所在。一种新的作战要素的诞生是为了应战争之需，一种旧的作战要素的消亡也是为了应战争之需。并且从一定程度上讲，旧的作战要素以消亡的方式为新的作战要素腾出发展空间，也是为战争形态的演变和作战方式的变革做贡献。

任何军兵种、任何专业从它出现的那一刻起，就注定会经历一个诞生、发展、兴旺、成熟、衰败的过程，就注定它的终点是消亡。在这个注定的过程中，我们所做的不是眼睁睁地看着它因被人为忽视在不该衰落的时候而衰落，不是被战争打醒后才想起把它找回来，而是顺应战争之变主动作为，确保其演绎应有的轮回。

如果战争不需要，要它有何用？

如果战争还需要，它一定会回来！

图书在版编目(CIP)数据

战盾：21 世纪筑城论 / 范瑞洲等著. -- 上海：上海社会科学院出版社，2024. -- ISBN 978-7-5520-4609-0

Ⅰ. E951.1-49

中国国家版本馆 CIP 数据核字第 202431UL36 号

战盾：21 世纪筑城论

著　　者：范瑞洲　杨　森　何真卓　等
责任编辑：霍　覃
封面设计：霍　覃
出版发行：上海社会科学院出版社
　　　　　上海顺昌路 622 号　邮编 200025
　　　　　电话总机 021-63315947　销售热线 021-53063735
　　　　　https://cbs.sass.org.cn　E-mail:sassp@sassp.cn
排　　版：南京展望文化发展有限公司
印　　刷：上海新文印刷厂有限公司
开　　本：710 毫米×1010 毫米　1/16
印　　张：18.5
字　　数：191 千
版　　次：2024 年 12 月第 1 版　2024 年 12 月第 1 次印刷

ISBN 978-7-5520-4609-0/E·041　　　　　定价：98.00 元

版权所有　翻印必究